FOR BEGINNERS

数学

Z・サーダー　J・ラヴェッツ／文　B・V・ルーン／絵
山下恵美子／訳

イラスト版オリジナル

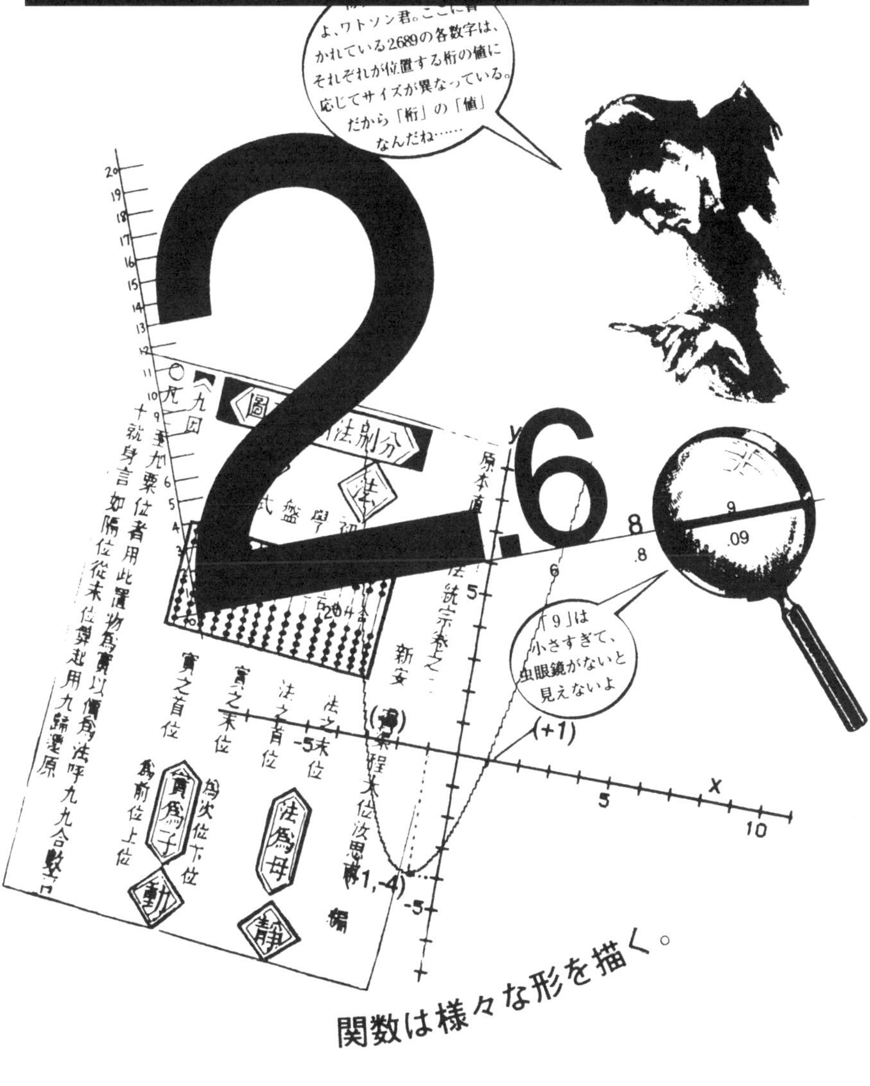
よ、ワトソン君。ここに書かれている2689の各数字は、それぞれが位置する桁の値に応じてサイズが異なっている。だから「桁」の「値」なんだね……
「9」は小さすぎて、虫眼鏡がないと見えないよ
関数は様々な形を描く。

現代書館

数学目次

数学はなぜ必要か？

世の中には「数学」と聞いただけで思わずうなってしまう人は多いものだ。そして誰もがこう考えていることだろう、世界は二つの人種に分類されると。すなわち、数学は理解できてもパーティーでは決してお目にかかりたくないような「頭脳明晰」な人種と……

私たち、その他の人種！
数学者には十分ご注意を！
ジェリー
ジア

しかし、どんな人でも、ある程度数学を理解しておくことは必要である。数学がなければ、生活に不便を感じることになる。

買い物、
領収書のチェック、
家計の管理にも、数学が必要なの
……そして、会社の経営にもね
家を建てるのにも数学は必要さ
……車に保険をかけるとき、預金をするときも
大都市の道案内となる地図の作成にも、数学は必要よ
……世界旅行にも、宇宙へ行くのにも、数学は必要

つまり、数学は工業文明社会を動かすエンジンのようなものなんだ
科学、技術、エンジニアリングの言語でもある
経済や医学、建築、設計には、数学が必須だ
芸術にだって、多少の数学は必要だよ

我々の住む世界、我々が形成し絶え間なく変化し続ける世界、そして、我々がその一員である世界への案内役が、実は数学なのである。そして、世界がより一層複雑化し、我々の周囲を取り巻く不確実な要素が我々の生活を脅かすほどに切迫してくるにつれ、直面するリスクを予測し、救済策をたてるのに、数学はなくてはならないものなのである。

数学を扱うには特殊な能力とスキルが必要だ。これは数学だけでなく、ダンスなど他のどのような活動にも言えることである。完成されたバレエ演技が実に精妙ですばらしいものであるのと全く同じように、数学も本質的にはとてもエレガントで美しいものなのである。

我々の誰もが完璧なバレエ・ダンサーになることはできない。しかし、ダンスがどんなものなのかは誰もが知っているし、ほとんどの人はダンスができる。同じように、我々の誰もが数学のことを知り、理解し、基本的な数学は扱えるようにしておかなければならない。

ダンスを怖がるのも、数学を怖がるのも、同じこと
どちらもちょっと練習すれば、怖くはなくなるよ
音楽を楽しむとき、意識はしていないが、実は頭の中でちゃんと拍子をとっているんだ
ライプニッツ

数を数える

初めて数学に触れる
若者は、数学の発達の
歴史をたどりなおす
ようなもの

子どもたちは学校で、数の数え方、計算の仕方、ものの測り方を学ぶ。すでにわかっている人にとっては、これらのテクニックは「初歩的」なものに思えるだろう。しかし、これから学ぼうとする人にとっては、謎に満ちあふれているのである。

数の名前は、大きな数になるにしたがって、繰り返しが多くなる。だから、100まで数えるのは退屈に感じる。ましてや1000まで数えるとなると気が遠くなりそうだ。ところで、最後の数、つまり一番大きな数は何なのだろうか？

そんなもの
はないって？
じゃあ、一体最後
には何があるの？

数を順番に数え上げていくとき、どのような呼び名を付ければ効果的に数えられるだろうか。おそらくは、何種類かの数字があれば十分だろう。動物の中には、5あるいは7までの数をきちんと認識できるものもあるが、それ以上の数はすべて「多数」となる。しかし、もし数が無限に続くとすれば、いつまでも新しい呼び名を与え続けることは不可能だ。

ダコタ・インディアンには言葉を書き記す習慣がなかった。

だから私たちは、冬が来るたびにこのような絵を描いて、年数を数えたり、歴史に残る特別な出来事を記録したのだ

下地は布製で、絵文字は黒インクで描かれている。毎年、前の年の主な出来事を示す新しい絵文字が一つずつ加えられた。

数の呼び名と数え方を体系化する最もよい方法は、数を数える際の基礎となる「底」を設けることである。最も小さい底は2である。例えば、オーストラリア先住民のグルムガル族は数を次のように数えた。

1＝ウラポン
2＝ウカサル
3＝ウラポン-ウカサル
4＝ウカサル-ウカサル
5＝ウカサル-ウカサル-ウラポン

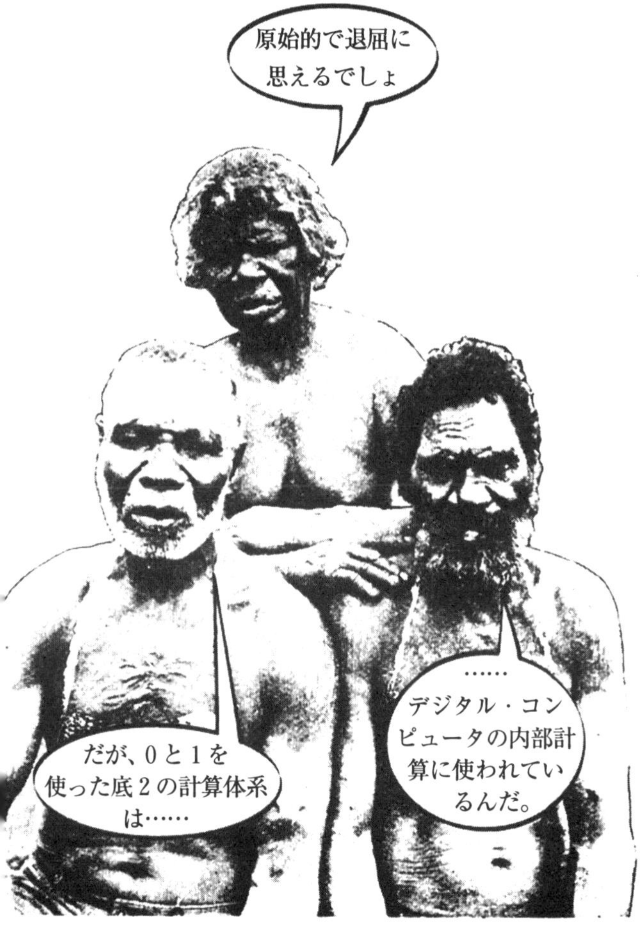
原始的で退屈に思えるでしょ
だが、0と1を使った底2の計算体系は……
……デジタル・コンピュータの内部計算に使われているんだ。

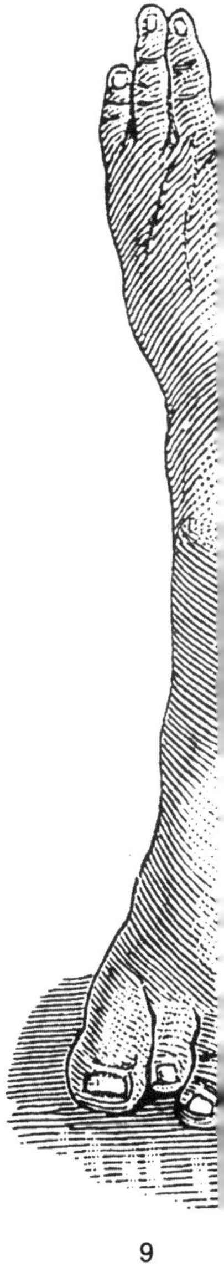

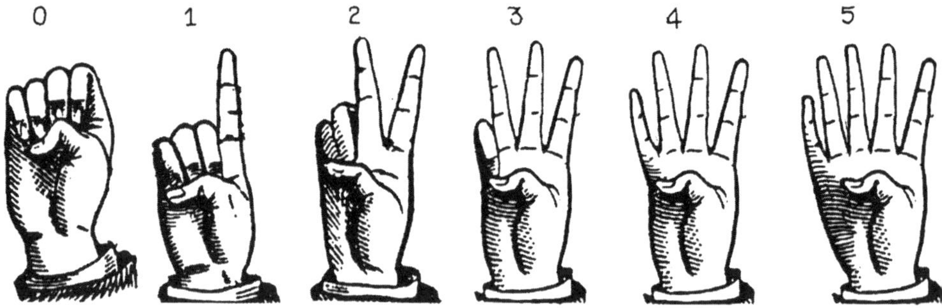
0
1
2
3
4
5

手の指は、底を定義するのに便利である。底を5とする命数法もあるが、より一般的なのが底を10とする命数法である。もちろん、この他の底を使った命数法も多数ある。例えば、イギリスの昔の通貨には12（1ペンス＝1/12シリング）、20（1シリング＝1/20ポンド）の他に21（1シリング＝1/21ギニー）という底までも使われていた。だから、店員は大変だ。わきにある換算表と首っ引きだった。また、分割払いでものを購入する場合も面倒だった。例えば、155ギニーのスイートルームの部屋を分割で購入した場合、1ポンド15シリング7ペンス＆ハーフペニーを104週間払い続けなければならなかったのだ。

一体誰が利息を計算できるっていうんだい？
分割払いが「ネバー・ネバー(never-never)」って呼ばれた理由がよくわかるよ
いつまでたっても支払いが終わらないってこと！

底20の命数法（手の指と足の指？）もよく使われている。大きい数を引き算を使って表わした、ヨルバ族の命数法を見てみよう。1（okan オカン）から10（eewa イイワ）までの数にはそれぞれの名称がつけられ、11から14までの数はそれらを単純に足し合わせて表わす。だから、11は「10より1大きい」、14は「10より4大きい」となる。ところが、15より大きい数は引き算を使って表わした。したがって、15は「20より5小さい」、19は「20より1小さい」となるわけである。フランスでは、底20の命数法の名残が今でもあり、80は「20が4つ」、99は「20が4つと19」と表わされる。

コンピュータを扱う者は底2の体系を使うんだ

（訳注：コンピュータ内部で使っているだけであって、扱う者が使うわけではない。）

どの底が「最良」であるかは一概にはいえない。つまり、命数法は、覚えやすい、呼び名が簡単、計算に便利など、それぞれの特徴をもって設計されたものと考えることができる。

記数体系を
つくるのに底という
概念が使われるように
なると、四則演算は
……
割り算
掛け算
引き算
足し算
……比較的簡単に
確立されたんだ

記数法

文字のない文化においても、数を効果的に数えることは可能だ。ただし、計算には相当の記憶力と特殊なスキルが必要になる。書くことが文明国の間で普及すると、また別の体系が現れた。中には、極めて洗練されたものもあった。

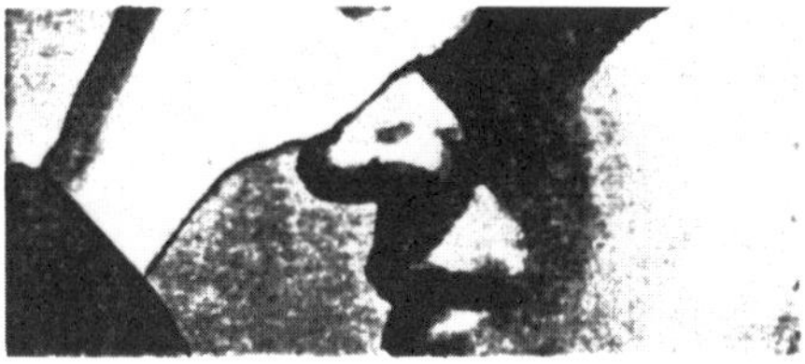

アステカ族は四つの基本記号を使った底20の記数法を使用していた。

1はトウモロコシの粒を意味する黒丸で表わした。

20は旗で表わした。

400はトウモロコシの木で表わした。

8000はトウモロコシの人形で表わした。

どんな数もこれら四つの記号で表わすことができる。例えば、9287は次のように表わされる。

マヤ族は、たった三つの記号を使って数を表現した。

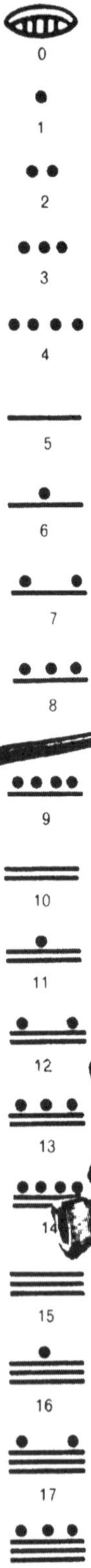

大きな点
●は1
線 ── は5
カタツムリの殻
は0

よって、

●●● は3

 は13を示し、

20は  で表わした。

古代エジプト人（紀元前4000年～紀元前3000年頃）は絵文字（象形文字）を使って数字を書き表わした。

象形文字は１から
始まり、それを10倍ずつ
増やしていき、10,000,000ま
で表わすことができる

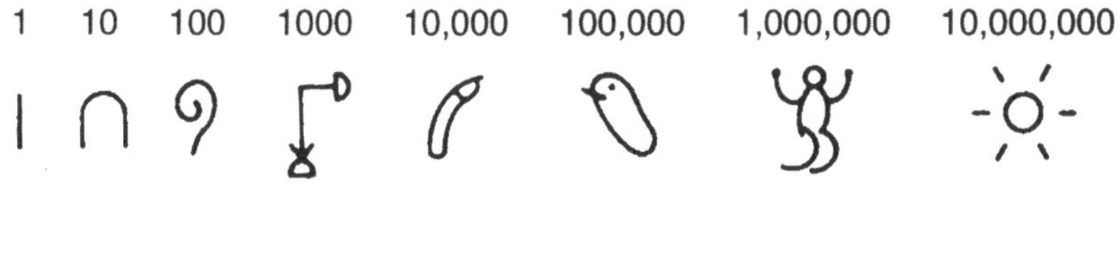
1
10
100
1000
10,000
100,000
1,000,000
10,000,000

バビロニア人（紀元前2000年頃）が最初に使っていたのは60とその倍数を基にした記数法で、数は次のような記号を使って表わされた。

$$1\ \mathrm{D} \quad 10\ \mathrm{O} \quad 60\ \mathrm{D} \quad 600\ \mathrm{\odot} \quad 3600\ \mathrm{O}$$

　後に、2値のみを用いた記数法が開発された。

▼は1（位置によっては60）を、◀は10を表わす。

したがって、95は次のように書き表わす。

$$95\ =\ 60(1)\ +\ 35:\quad ▼\ ◀◀◀\ ▼▼▼▼▼$$

　バビロニアの60進法は現在でも使われている。円の角度は360度、1時間は60分、1分は60秒であることはよくご存じだろう。

古代中国（紀元前1400年～紀元前1100年頃）では底10の記数法が用いられ、1から10までと、100、1000、10000を示す記号で数字を表わした。そして紀元前3世紀頃には、直線（棒）を使った数字が開発された。

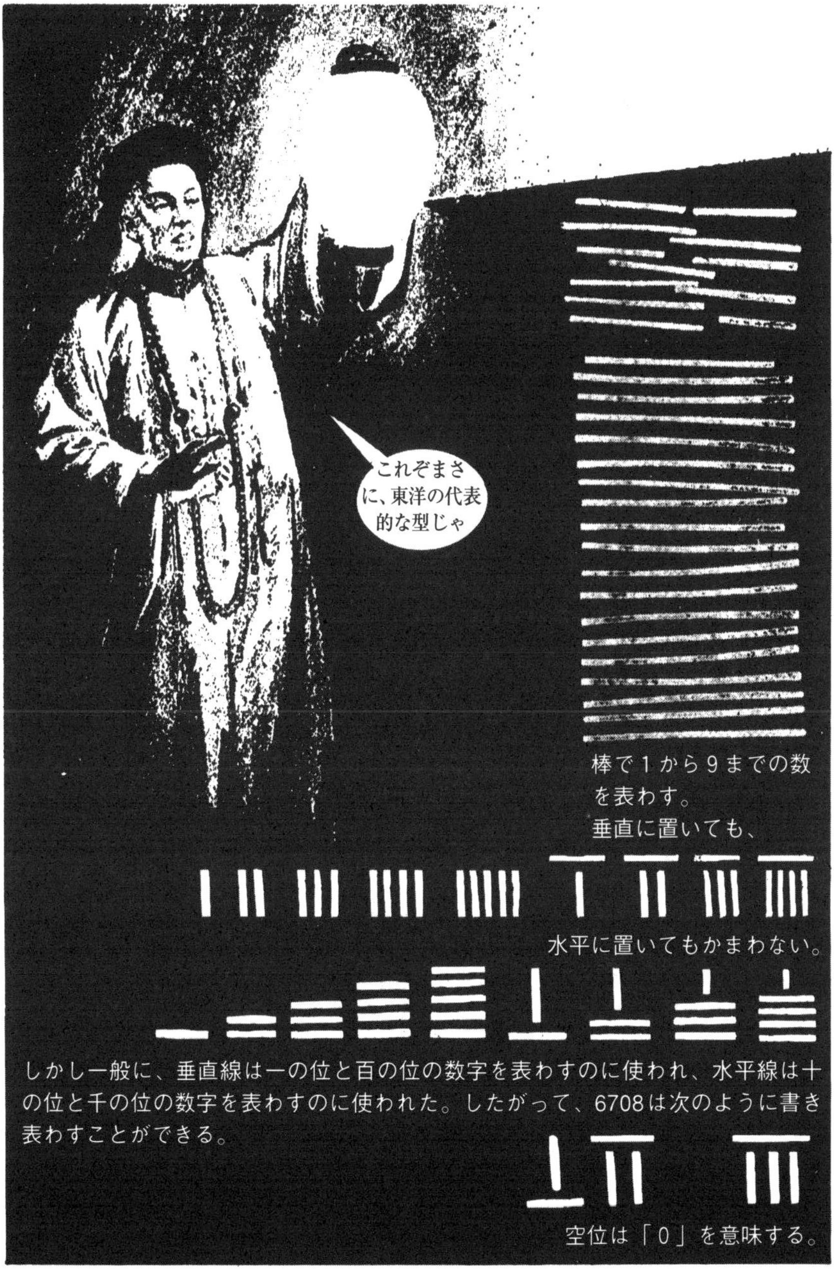
これぞまさに、東洋の代表的な型じゃ
棒で1から9までの数を表わす。
垂直に置いても、
水平に置いてもかまわない。
しかし一般に、垂直線は一の位と百の位の数字を表わすのに使われ、水平線は十の位と千の位の数字を表わすのに使われた。したがって、6708は次のように書き表わすことができる。
空位は「0」を意味する。

中国人は、数を口に出したときの音に着目して、書かれた記号をこれまでとは全く違った方法で表記する偉大な発明をした。「桁数値」と呼ばれる位取り体系である。これは、数字の数値は数の中の位置によって決まるというものだ。よって、「2」は数の中の位置によって、2を意味する場合もあれば、20あるいは200を意味する場合もある。この体系により高位の底に名前をつける必要はなくなった。今や、「234」の2が200を意味することは誰でも知っている。

初歩的なことだよ、ワトソン君。ここに書かれている2.689の各数字は、それぞれが位置する桁の値に応じてサイズが異なっている。だから「桁」の「値」なんだね……
20
19
18
17
16
15
14
13
12
11
10
9
8
7
6
5
4
3
2
1
0
2.689
20
6
.8
.09
「9」は小さすぎて、虫眼鏡がないと見えないよ

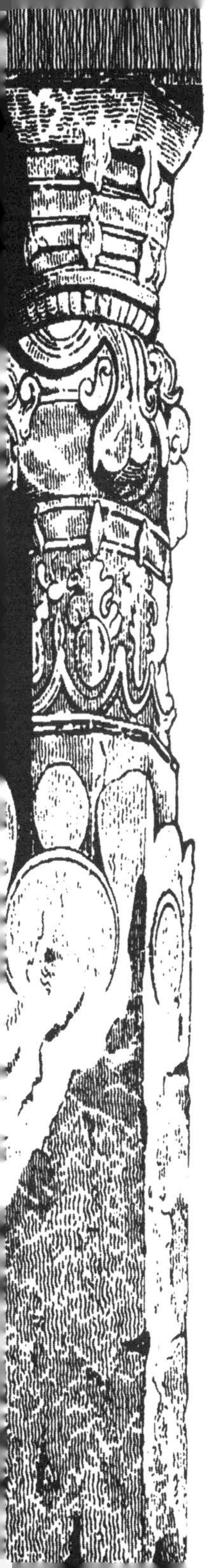

インド人は三つの異なる記数法を開発した。

カローシュティー文字（紀元前400年〜紀元前200年頃）では、10と20を意味する記号が使われ、100までの数はこれらの組み合わせで表現した。

ブラーフミー文字（紀元前300年頃）では、1、4、5〜9、10、100、1000といった数にそれぞれ別々の記号が使われた。

グワーリオール文字（850年頃）では、1から9までの数字と0に記号が使われた。

数字を一つ頭に思い浮かべて……。そしたら、それを2倍、3倍、4倍にしてみる……

インド人は大きな数字を表わすのをとても得意とした。古代のヒンドゥーテキストには、1,000,000,000,000（parardha パラルダ）というとてつもなく大きな数が出てくる。

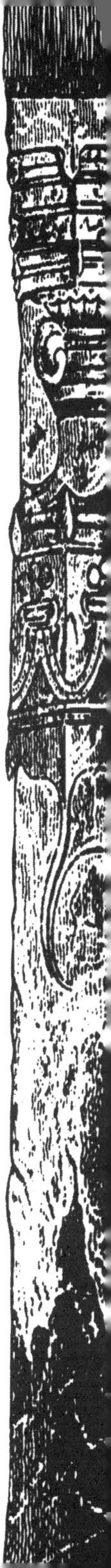

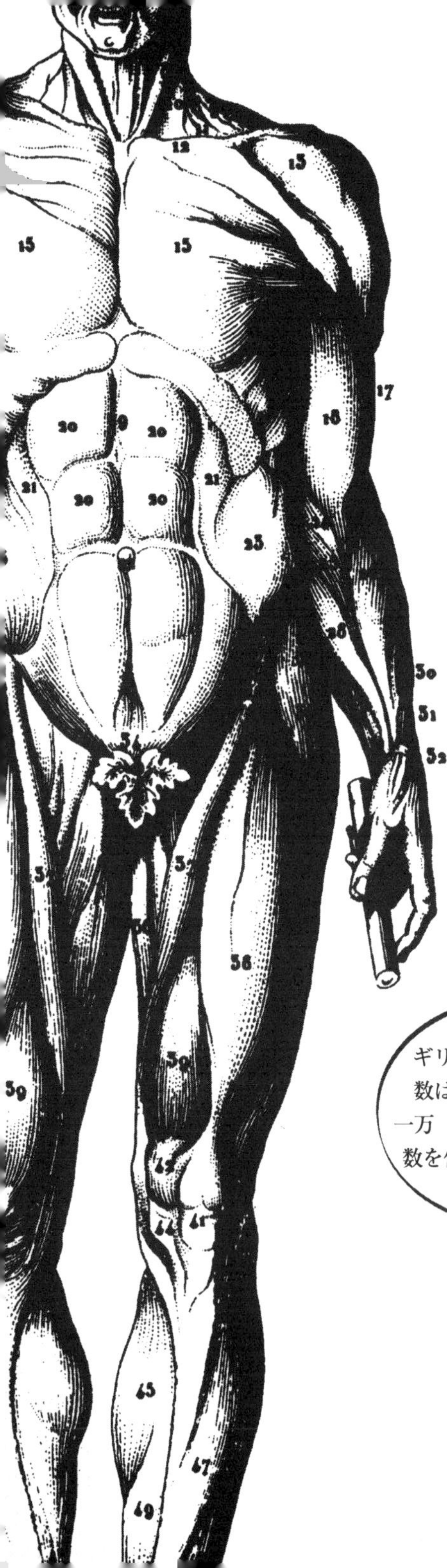

古代ギリシャ人（紀元前900年〜紀元200年頃）は二つのシステムを並行して使った。一つは、数字の名称の頭文字に基づくものである。例えば、5はpi（π パイ）、10はdelta（Δ デルタ）、100はH（イータ）のアンチック体、といった具合だ。もう一つは、紀元前3世紀頃に現れたもので、ギリシャ文字アルファベットのすべてと、フェニキア文字アルファベットの中の3文字を合わせた合計27の記号を使ったものである。アルファベットの最初の9文字は数字の1から9を表わし、次の9文字は10から90を、最後の9文字は100から900を表わした。

我々
ギリシャ人は大きな
数は苦手だったので、
一万（10,000）を超える
数を使うことはめった
になかった

ローマ数字（紀元前400年～紀元600年）には全部で七つの記号が使われた。１を意味するＩ、5を意味するＶ、10を意味するＸ、50を意味するＬ、100を意味するＣ、500を意味するＤ、1000を意味するMの七つである。

数字は左から右に向かって書く。一番大きな数値を一番左に置き、その右側に小さな数値を次々に置いて、望む数になるまで足し合わせてゆくのである。

したがって、LXは60ということになる。

便宜上、左側に小さな数値を表わす記号を置いて、引き算を表現した。つまり、MCMは1900を意味する。

ローマ数字は今でも装飾に使われているが、高速計算には不向きであった。

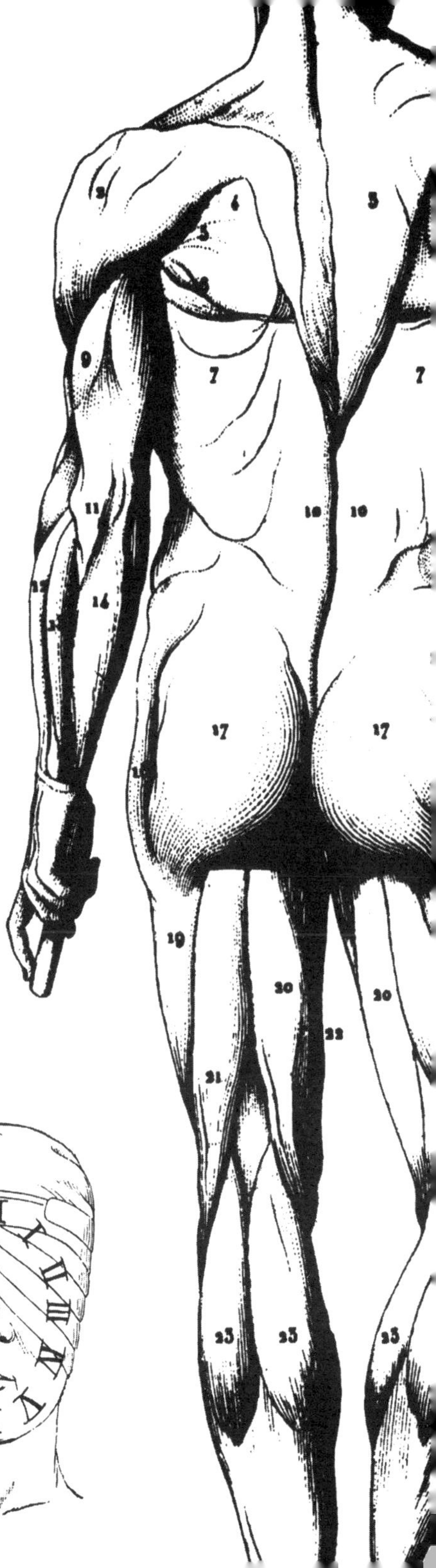

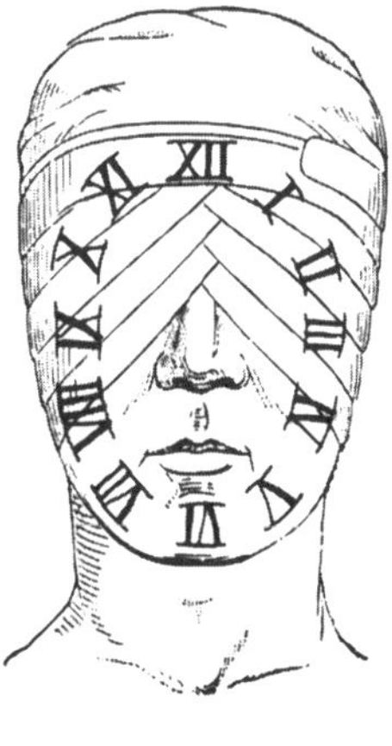

数字にアルファベットを使う数体系は、「ゲマトリア」という高度な予言技術を生み出した。これは、任意の言葉、特に何らかの名前を与えられると、その中の文字を入れ替えて数を導きだし、その数の性質と意味を調べるというものである。その名前から666（聖書で「獣の番号」を意味する）という数字が導かれた者は、明らかに邪悪な者というわけである。

私デカルトとヨーロッパにおける私の後継者の目からみれば、今や数学は少なくとも教育を受けたエリートたちにとっては「堕落」以外の何物でもない
今すぐに、こんなたわごとはやめるべし。さもなくば、呪いをかけてやるぞ
若者よ、悪い知らせじゃ。そちの名前からそちは「悪魔の子」というお告げが出た
奥様、私にお任せを
第二次世界大戦中の根本主義キリスト教信者の私への抵抗は、私が666タイプの人間であることがわかって以来、ますます強まったといわれている
私にも角がないかって？

イスラム文明（650年〜現在）では2種類の数字が使われた。どちらも似通っているが、一方はイスラム世界の東部（アラビアとペルシア）で使われ、もう一方は西部（マグレブとイスラム系スペイン）で使われた。いずれも0から9まで合計10の記号を使う点では一致している。

東部で使われた数字：　٠ ٩ ٨ ٧ ٦ ٥ ٤ ٣ ٢ ١

西部で使われた数字：　0 9 8 7 6 5 4 3 2 1

東部で使われていた数字は、アラブ世界で今でも使われている。西部で使われていた数字はご存知の通り、我々が現在使っている「アラビア数字」である。

次のバスは971だと思うのですが
いや、確か、250ではないかと
わしは知らんぞ。西洋のはやりものはやらんのでな

ゼロの発見

ゼロが発見されたのは比較的遅く（6世紀頃）、その起源は中国およびインドの両文明であると考えられている。中国人は位取り記数法にこれを必要とした。「二百五」の2と5の間の空位を埋める良い方法はないものかと、彼らは考えていたのである。単に25と書いたのでは意味をなさないので、2－5という具合に「－（バー）」などを用いていた。ゼロの正しい概念を生み出したのは、「無」の哲学的考察の進んだインド文明であった。

ゼロの発見にはこのような文化的背景が不可欠であった。なぜなら、ゼロはとても特殊なものだからだ。ある意味では、ゼロは他の数字と変わりはない。足し算ができるからである。

しかし、どんな数字でもゼロ倍すればゼロになる。だから2×0＝4×0といった等式を使ったパラドックスが生まれる。両辺からゼロを取り除けば2＝4となって矛盾が生じるだろ
では一体……
ゼロで割るとどうなるの？
無限大だ!
ワシ鼻の校長

ゼロは計算には欠かせないが、数えるときには省かれる。また、列の最初が「ゼロ番目」ということはありえない。このパラドックスはカレンダーに表れている。西暦には0世紀というものが存在しないため、1900年代は20世紀になるのだ（訳注：0年というものも存在しないので、20世紀は1901年から2000年までとなる）。

また、ゼロには二つの意味があった。「化石のジョーク」を使って説明しよう。博物館のガイドが見学にきた生徒たちに説明している。

この化石の骨は6500万と4年前のものです。
どうしてそんなに正確にわかるのですか？
私がここで勤務し始めたとき6500万年前のものだと言われたんです。それから4年たったから……
65,000,000
+ 4
= 65,000,004
もちろん、生徒たちは誰もがばかばかしいと思った。ただし、1人を除いて……。

その生徒は学校で教わった通りに計算したのである。65の後に続く6つのゼロが「数える対象」にはならない、単なる「空位を埋める」数字だとは知らずに……。このようなゼロの場合、0×4＝0が成立するのみならず、何と0＋4＝0も成立してしまうのである。初期の数学者たちがゼロのような摩訶不思議な数字に不信感を抱いたのは、おそらく彼らがこのような矛盾を見抜いていたからだろう（今では生徒たちにはこのような矛盾を感じないような教育がなされている）。

特殊な数

ゼロ以外にも、知っておかなければならない特殊な数があるんだ

特殊な数の中には「個性」をもったものがある。不思議な力を発揮する数と言い換えてもよいだろう。3、5、7、13といった数はかなり特殊である。また、算術上の性質によって定義されたものもあり、数学者たちの興味の的であった。

素数とは1とそれ自身でしか割れない数のことである。

完全数は約数（訳注：それ自体を除くが1を含む）の総和がそれ自身に等しい数のことである。例えば、6がこれに当たる。6の約数は1、2、3で、これらを足し合わせると6になる（1+2+3=6）。

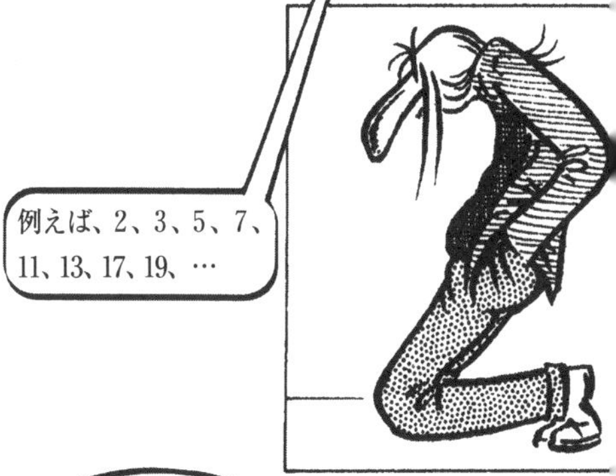

例えば、2、3、5、7、11、13、17、19、…

28（=1+2+4+7+14）もそうだね。この次は496……自分で確かめてみてね

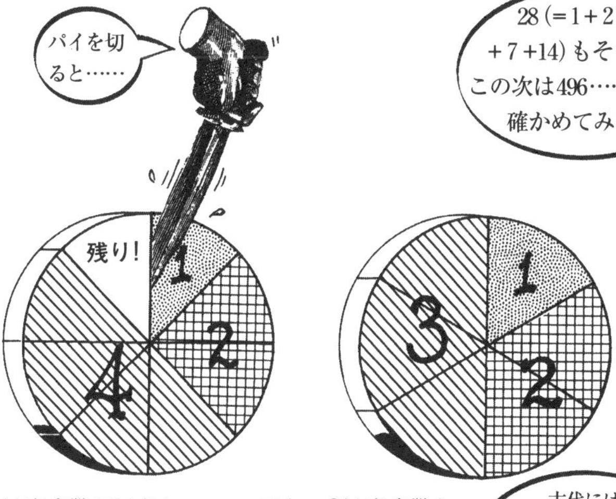

8は完全数ではない……　でも、6は完全数！

古代には、これらの数はとても特殊なものと考えられていた。だから、特殊な数と呼ばれているんだ

悪を悪で返すと正義になる?
1/3に2/5を足すと……パンケーキで考えてごらん。
=11/15
身体で数字を表現するのも楽じゃない!

負の数はゼロより小さい数（例えば、寒い日の温度計の目盛り）のことで、「－（マイナス）の符号」を付けて表わす。負の数は絶対不可欠のものであるが、(－1)×(－1)＝＋1という規則をみてもわかるように、矛盾した部分ももっている。

分数または**有理数**とは、2/3のように二つの整数の比で表わすことのできる数のことである。計算には欠かせないが、数を数えるのには使えない（自然数の1のように「単位」となるものがなく、4の次に5がくるというように「後続する数」も決まっていない）。だから、有理数は長い間数とは認められなかった。しかも、計算方法が特殊で、とても簡単には理解できない。

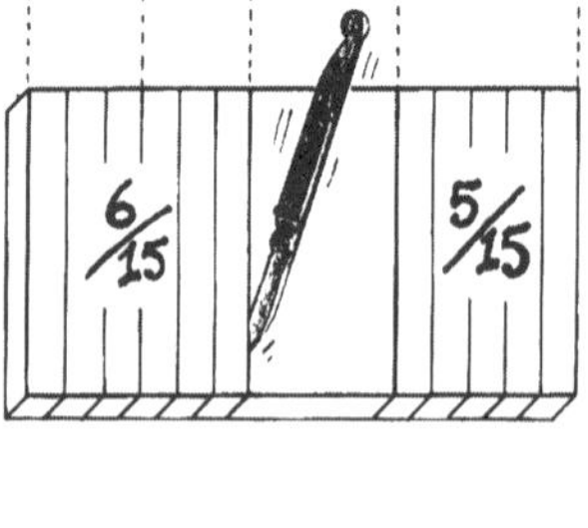

このような特殊な数の存在は、インドや中国などの大文明ではすでに知られていた。理論数学がギリシャなどで発展してくると、数がさらに不思議な性質を持つことがわかり、そのために新しい数が次々と発明されていった。

無理数とは、二つの整数の比で表わすことのできない数のことである。例えば、$\sqrt{2}$。これは幾何学的演算から生まれたもので、直角三角形の斜辺の長さを示している。このような数が「無理数」である。

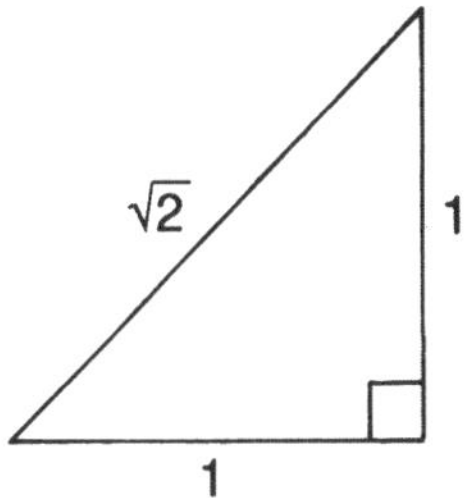

数値の中には、代数計算で作り出した数ででも表わすことのできない極めて「無理」な数がある

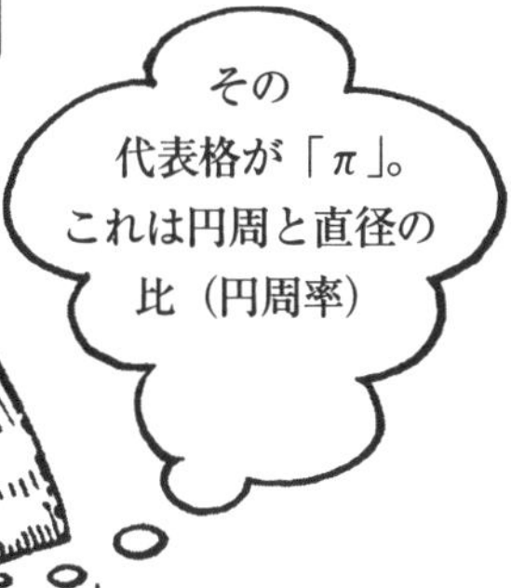

その代表格が「π」。これは円周と直径の比（円周率）

この円周率の数値を求める問題は「円積問題」と呼ばれた。

数学者たちは何世紀にもわたってこの円積問題に取り組んできたが、近代になってそれは不可能であることがわかった。そこで、このような数は……

「パイ」に「パイ（π）」、うまいでしょ？

「超越数」と呼ばれるようになった

虚数とは、実数と「虚」数単位、つまり－1のルート（$\sqrt{-1}$）との積のことである。「実」数と虚数との和は**複素数**という。

（訳注：i＝$\sqrt{-1}$と書き、i^2＝－1に注意して後は普通に計算してよい。）
複素数は複素平面を使えば簡単に表わすことができるよ。計算法は特殊なんだ
$4\sqrt{-1}$
$3\sqrt{-1}$
複素平面
$2\sqrt{-1}$
$3,2\sqrt{-1}$
$\sqrt{-1}$
虚軸
0
1
2
3
4
5
実軸
複素数は、電気の交流など規則的に変化する量を表わすのに使われるの

大きな数

　人はたいがい、大きな数につかみどころのない不気味さを感じ、それがどのくらい大きいのかが把握できない。

ところで、10億ってどのくらい大きいの？
100万の1000倍。

（訳注：これは英語が1000進法のためそういう言い方をしている。）

人類がこの地球上に生まれたのは、10億年前
キリストが誕生してから1903年までに10億分経過した。今31歳の者は、10億秒前にはまだ誕生しておらんかった

　1,000億なんて数になると、もうお手上げである。しかし今では、1,000億の債務を抱える発展途上国も珍しくはない。そんな国が、1秒間に1ポンドもしくは1ドル、1日24時間、週7日、1年52週払い続けたとしても、支払いを終えるまでに3,180年もかかる計算になる……。

1,000億の債務！

大きな数になどアッという間に到達できることを、あの悪評高い不幸の手紙を例にとって説明しよう。最初にある人が2人の友人に手紙を送り、その2人の友人が各々別の2人の友人に手紙を送って……これが延々と繰り返されていくのが不幸の手紙の正体である。最初の人が2通の手紙を出せば、次の段階では2×2で4通の手紙が、その次の段階では2×2×2で8通の手紙が送られることになる。では、全部で10億通の手紙が送られるまでには、何段階かかるだろうか。

38段階目だけでも、1,073,741,824通の手紙が送られるわ
しかし、こんなことは絶対に起こらない。しまいには送る友達がいなくなるからね

ベキ

パワーがみなぎってきたぞ!助けに行くべきだ

1,000,000,000なんて数を書くのはとて厄介なものである。しかし幸い、大きな数を記述するのに大変便利な概念がある。まず、10億という数は次のように分解できる。

10×10×10×10×
10×10×10×10×10

ここで、2つの10の積は10^2、3つの10の積は10^3、……と書き表わすことができることを利用すれば、100万は10^6、そして10億は10^9と書き表わすことができる。ちなみに、50億は5×10^9である。

ある数をベキ乗するということは、その数を指数の数だけ掛け合わせることに他ならない。したがって、2^5は2×2×2×2×2（＝32）となるわけである。

この表記法に慣れるために、
次の問題を見てみよう。

三つの2を使って書き表わせる数で、最大のものは?
4種類の数が考えられるわ

2

最小のものは$2^{2^2}=2^4=16$。次は222。そして、次が22^2=484で、最大の数は$2^{22}=$ 4,194,304である。

ベキは分数にも使える。分数をベキを使って表記するには、ベキの前に－(マイナス)の符号を付けるだけでよい。したがって、10^{-1}は1/10を意味し、10^{-2}は1/100を、10^{-3}は1/1000を意味する。

ものの広がり方はベキ乗で表わされるんだ
例えば、プロジェクターとスクリーンの間の距離を2倍にすると、映像は2倍ではなくて4倍になる
ちがうよ
いや、そうだ
距離を3倍にすれば、映像は9倍になる

同じように、写真や地図を x 倍に拡大すると、x^2 倍の広さの紙が必要になる。

x、x^2、x^3、x^4、x^5 は、それぞれ x の1乗、2乗、3乗、4乗、5乗という。2乗と3乗は、幾何学的な意味から「平方」、「立方」とも呼ばれる。もちろん、指数には2、3、4、5だけでなく、どんな数を使ってもよい。nを「任意の数」とした場合、x^n を x のn乗という。

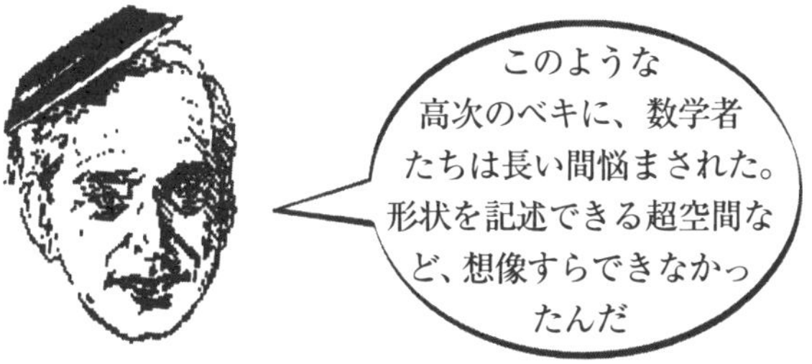
このような高次のベキに、数学者たちは長い間悩まされた。形状を記述できる超空間など、想像すらできなかったんだ

イスラムの数学者、**イブン・ヤフヤ・アル＝サマワール**（1175年頃没）がわずか19歳のときに書いた『The Dazzling』という書物の中で初めて紹介されたのが……

The Power of Zero
ゼロ乗
$x^0=1$
すなわち、
どんな数も
ゼロ乗すれば
1になる
なぜなら、
ある数を「0回」
掛け合わせれば、
1になるからね

（訳注：ただし 0^0 は通常考えない。）

対数

ある数を何回か掛け合わせて求める数を得る場合、掛け合わせる回数を対数という。そして、「ある数」のことを「底（てい）」と呼ぶ。したがって、$10^2=100$、$\log_{10}100=2$という関係が成り立つ。読み方は、「ログ10の100は2」。

最もよく使われる底は10と自然対数のe（100ページ参照）である。

どのようなx（訳注：ここでは1でない正数）に対しても$x^0=1$が成り立つので、どのような底に対しても$\log 1=0$が成り立つ。

積や商の対数を求めるには、積の対数は対数の和に、商の対数は対数の差になるという対数の性質を利用する。したがって、$\log(x \times y)$を計算するには、$\log x+\log y$を計算すればよいわけである。

ラララ、ロガリズム〜ロガミュージック……
ピュッ！

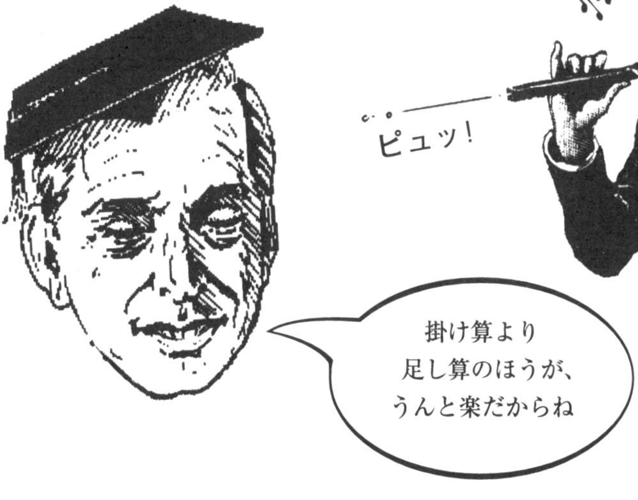
掛け算より足し算のほうが、うんと楽だからね

対数の長所は、長くて複雑な計算を簡単にできることである。二つの数の積（または商）を求めるには、それぞれの数の「対数」を対数表で調べ、その数を足し合わせ（または引き算し）、出た数を対数表にあてはめて指数を求めるだけでよい。

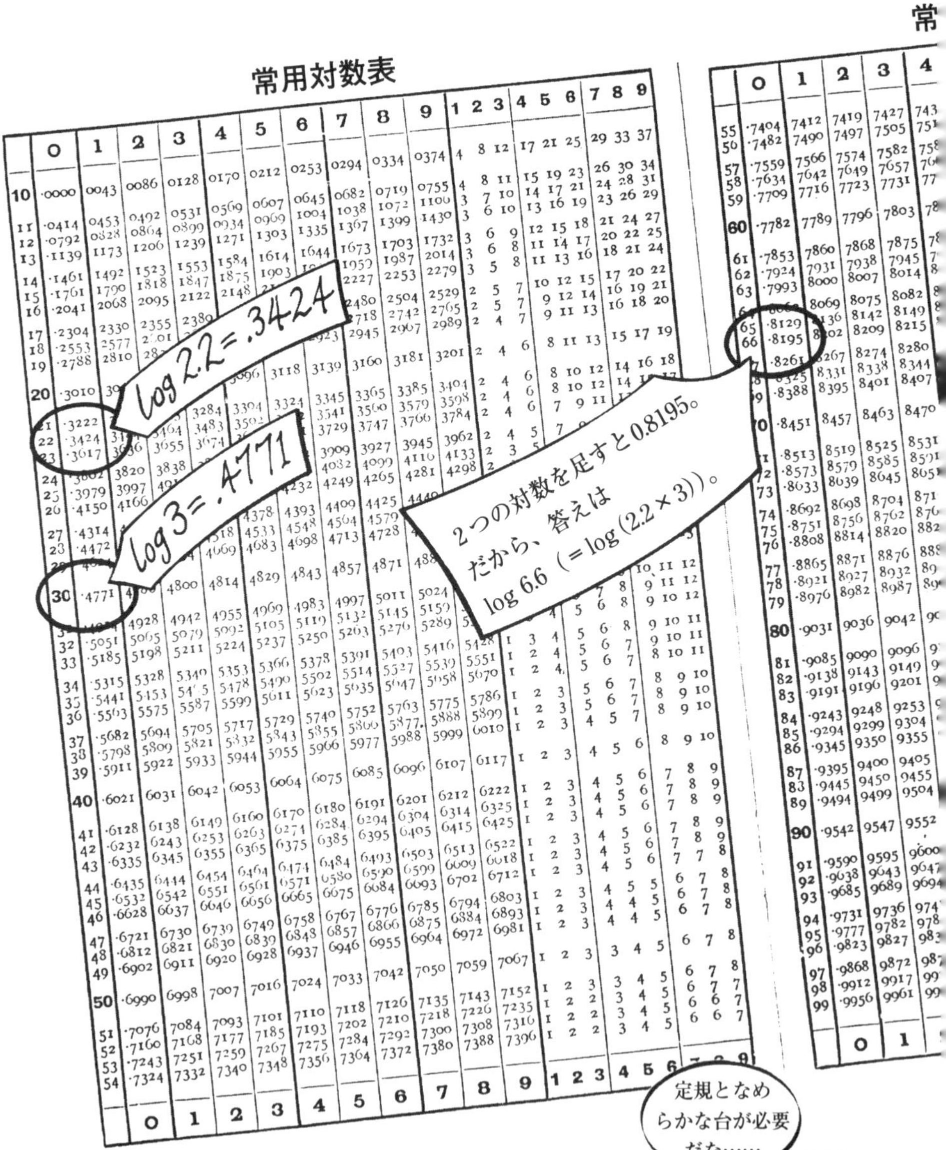

常用対数表
log 2.2 = .3424
log 3 = .4771
2つの対数を足すと0.8195。
だから、答えは
log 6.6 （＝log (2.2×3)）。

定規となめらかな台が必要だな……

対数表を発明したのはスコットランドの数学者、**ジョン・ネイピア**（1550年～1617年）である。彼の対数はeを底とするもので、（その底に由来して）「自然対数」または（発明したネイピアにちなんで）「ネイピアの対数」と呼ばれている。

計算

あらゆる数を操作して解を求めることを、計算という。数学的操作に計算は付き物である。

その昔、石を使って計算をしていた時代があった。古代ギリシャ人は数を数えたり、簡単な計算をするのに小石を使った。英語の「calculate（計算する）」という言葉の語源は、「小石」を意味するラテン語の「calculus」である。

数表

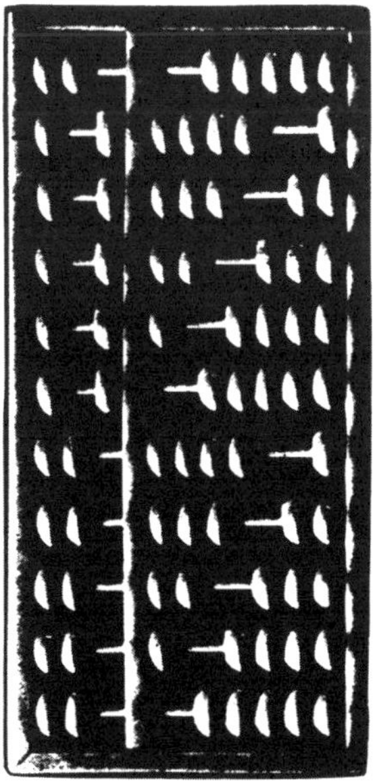

珠と棒でできたそろばんは、近年まで計算道具として最もよく使われていた。今でも、そろばんの達人はデジタル計算機のキーをたたくより速く珠を弾くことができる。

計算機器には二つのタイプがある。足し算と引き算だけを行う簡単な加算器と、掛け算、割り算の他にも様々な機能をもった計算機……。

最初の加算器は1642年、フランス人数学者、**ブレーズ・パスカル**（1623年〜62年）によって発明されたもので、加算と繰り上がり機能をもっていた。1671年には、ドイツの数学者であり哲学者でもある**ゴットフリート・ヴィルヘルム・フォン・ライプニッツ**（1646年〜1716年）が、加算の繰り返しで掛け算を行う計算機を作製した。

他にもたくさん機能がある

パスカル　　　ライプニッツ

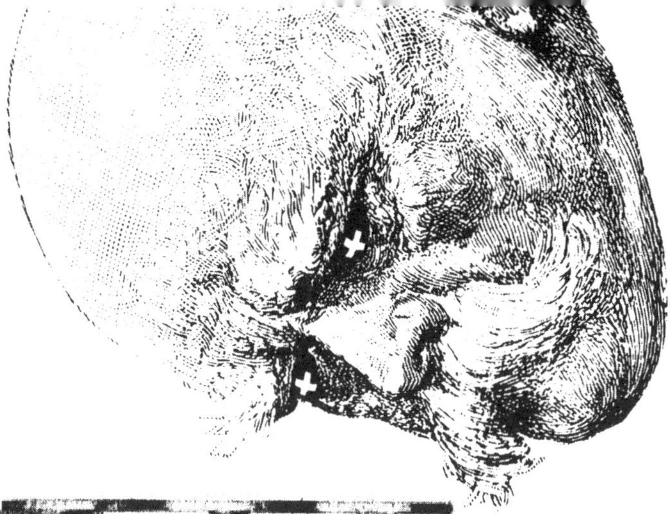

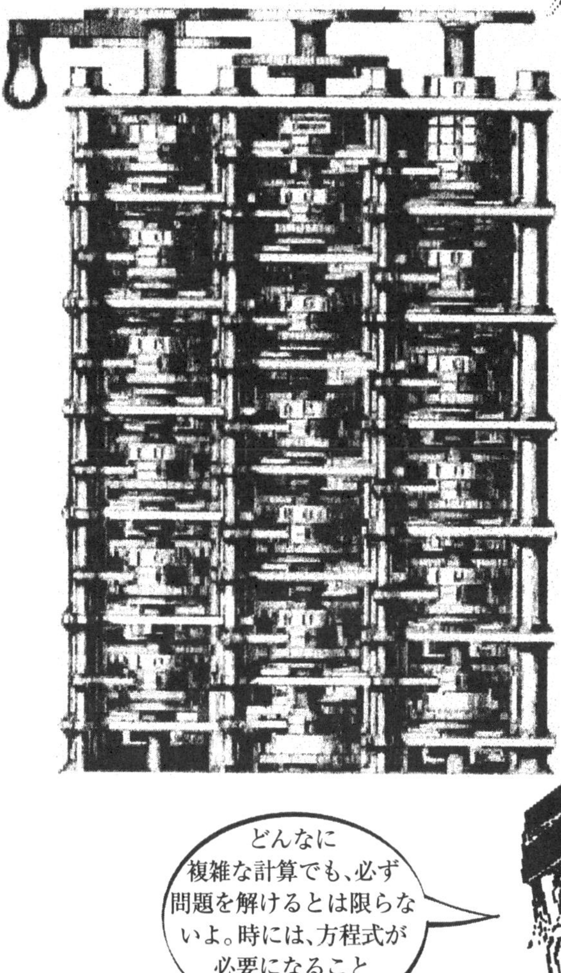

1822年、イギリスの数学者で発明家の**チャールズ・バベッジ**（1792年〜1871年）は、小さな加算器を作製した。その10年後、彼はデジタル計算機の前身にあたる「差分機関」を着想する。その後、さらに野心的な「解析機関」にも取り組んだが、これは完成されることはなかった。しかし、その一部のレプリカが作られ、ロンドンの科学博物館に展示されている。

どんなに複雑な計算でも、必ず問題を解けるとは限らないよ。時には、方程式が必要になることもある

方程式

方程式は数学の中核をなすものである。非常に初歩的な数学を除いて、方程式は純粋数学、応用数学を問わず、数学のあらゆる分野のみならず、自然科学、生物科学、社会科学でも使われている。

その名（equation）が示す通り、方程式は二つの式が等しいことを示すものである。通常、未知数を含む。一般に、この未知数を「変数」と呼び、その他のものを「定数」、場合によっては「媒介変数」と呼ぶ。方程式は、数量を定義したり、変数同士の関係を示すのにも使われることがある。

定数
変数
変数
騎士？
方程式を変数の一つについて解く場合、その変数を……
「未知数」という

方程式が発明される前、数学的問題は複雑かつ巧妙な各種手法を使って解かれていたが、今では、それらの方法はたった一つの簡単な形式に集約されたのである。

$5x+8=23$という方程式では、xが計算すべき未知数である。xにいろいろな数を代入して求めることもできるが、簡単な操作（両辺から8を引いて、5で割る）でも求めることができる。

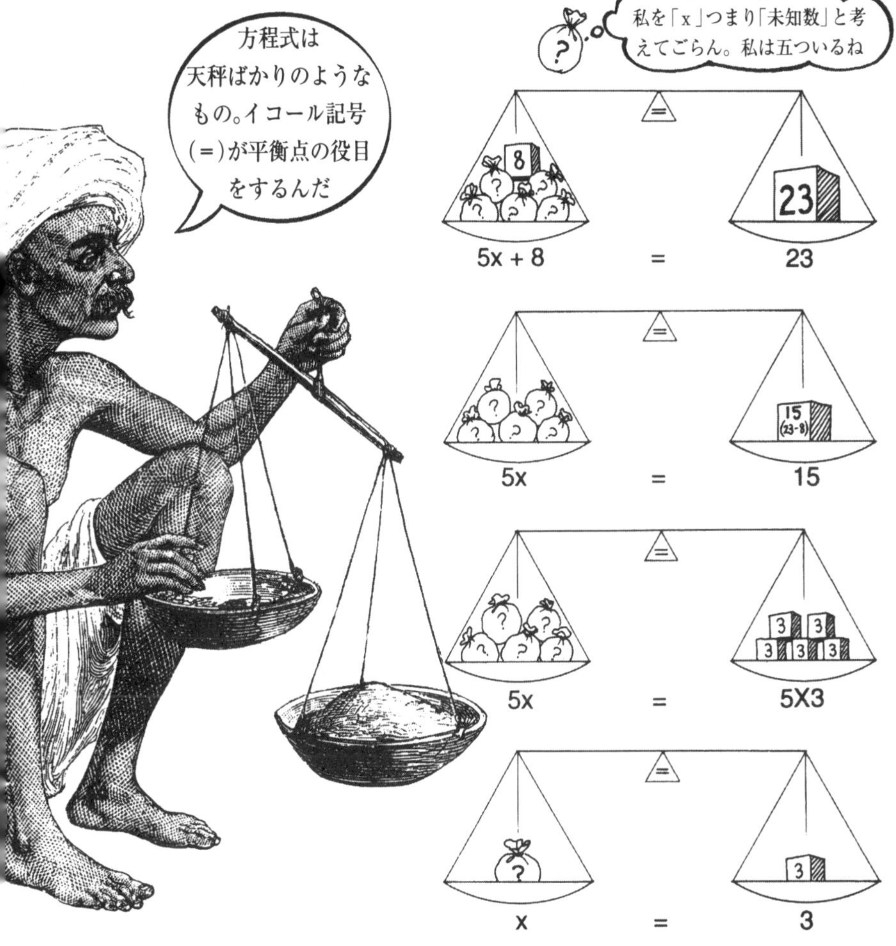
方程式は天秤ばかりのようなもの。イコール記号(=)が平衡点の役目をするんだ
私を「x」つまり「未知数」と考えてごらん。私は五ついるね
8
23
5x + 8 = 23
15 (23-8)
5x = 15
5x = 5X3
x = 3

この方程式はxの値が3のとき、「満たされた」または「解かれた」という。この解が正しいことは、xに3を代入すると両辺が等しくなることで確認できる。

変数がどんな値をとっても常に成り立つ等式を恒等式という。
例えば、$(x+y)^2=x^2+2xy+y^2$ は恒等式である。x、yにどんな値を代入しても等式は常に成り立つ。恒等式は代数演算にとても便利に使える。なぜなら、恒等式を使えば複雑な式を簡単な式に置き換えることができるからである。

線形（1次）方程式とは、$5x+8=23$のように1次の変数しかもたない方程式のこと。グラフに描いたとき、直線になるから線形というんだ
2次方程式は、2次の変数を一つだけ含むんだ。このような方程式の解は必ず二つある。ただし、重解の場合もある。例えば、$x^2=4$や$2x^2-3x+3=5$はどちらも2次方程式で、解はそれぞれ（+2、−2）と（2、−1/2）。重解を持つ方程式の例は$x^2-4x+4=0$で、解は$x=2$となる
3次の変数を一つだけ含む方程式のことを3次方程式という。このような方程式は必ず三つの解を持つ。ただし、解の二つあるいは全部が重解の場合もあれば、解のうち二つが複素数解になることもある（三つ全てが複素数解ということはない）。例えば、$x^3-6x^2+11x-6=0$は3次方程式で、解は$x=1$、2、3

4次方程式までは、解を四則演算と根号を使った公式で求めることができる。例えば、2次方程式、$ax^2 + bx + c = 0$の解を求める方程式は下の通りである。

x=[1/2a][-b±√(b²-4ac)]
根号の中がゼロより小さくなる場合があるの。そんなとき、方程式は1組の「複素数解」を持つのよ

このような代数方程式の次数には制限はない。しかし、「5次」方程式で状況は少し変わる。何世紀にもわたり、数学者たちは45ページに示したような解の公式を5次方程式に対しても求めようとしたが、19世紀の初期、それは不可能だということがわかった。

方程式の各項には一つ以上の変数を含むことができる。その簡単な例に xy＝1 があるが、これはグラフで表わすと双曲線という幾何学的曲線を描く。

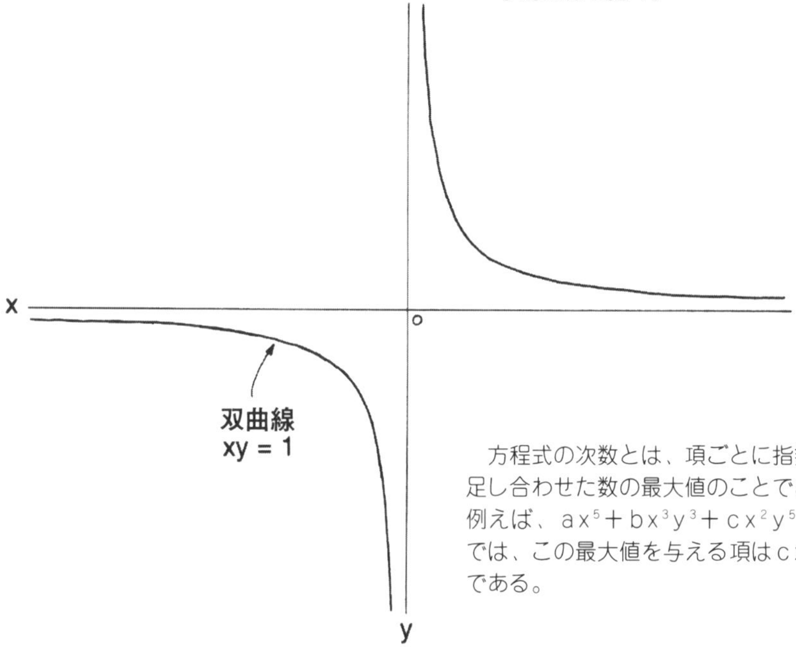

方程式の次数とは、項ごとに指数を足し合わせた数の最大値のことである。例えば、$ax^5+bx^3y^3+cx^2y^5=0$ では、この最大値を与える項は cx^2y^5 である。

この項の指数の和は7、だからこの方程式は7次方程式なんだ
今回は第三級罪だぞ!
BIFF!
BOK!

連立方程式は変数を二つ含んでいます
いやだわ、また二つだなんて……

一つの方程式に二つの変数が含まれている場合、通常は解を求めることはできない。しかし、変数と同じ数だけ方程式があれば、解くことはできる。そこで、二つ以上の未知数を含む二つ以上の方程式の組を、連立方程式という。連立方程式は簡単な操作だけで解くことができる場合もある。例えば、

1.

$$2x + xy + 3 = 0$$
$$x + 2xy = 0$$

2. 最初の式を2倍すると、

$$4x + 2xy + 6 = 0$$

3.

これから2番目の式を引くと、

$$3x + 6 = 0$$

4. よって、$x = -2$

この x の値を最初の式に代入すれば、$y = -1/2$ が求まる。
もっと複雑な連立方程式でも、同じ方法で解ける場合がある。

ほとんどの方程式はじかに解くことはできない。だから、コンピュータを使って近似解を求めるんだ
方程式はこの他にもたくさんある。例えば、三角方程式、対数方程式、微分方程式、積分方程式。これらについては後で説明しよう

測定

測定は自然科学には絶対不可欠なものである。時間から次元、重さ、容量、大きさ、高度、そして電気、熱、光に至るまで、我々はありとあらゆるものを測定する。星までの距離や原子より小さい粒子のエネルギーさえも測定の対象になる。今では、知能や、環境保護などの良いものの価値も測定するようになった。

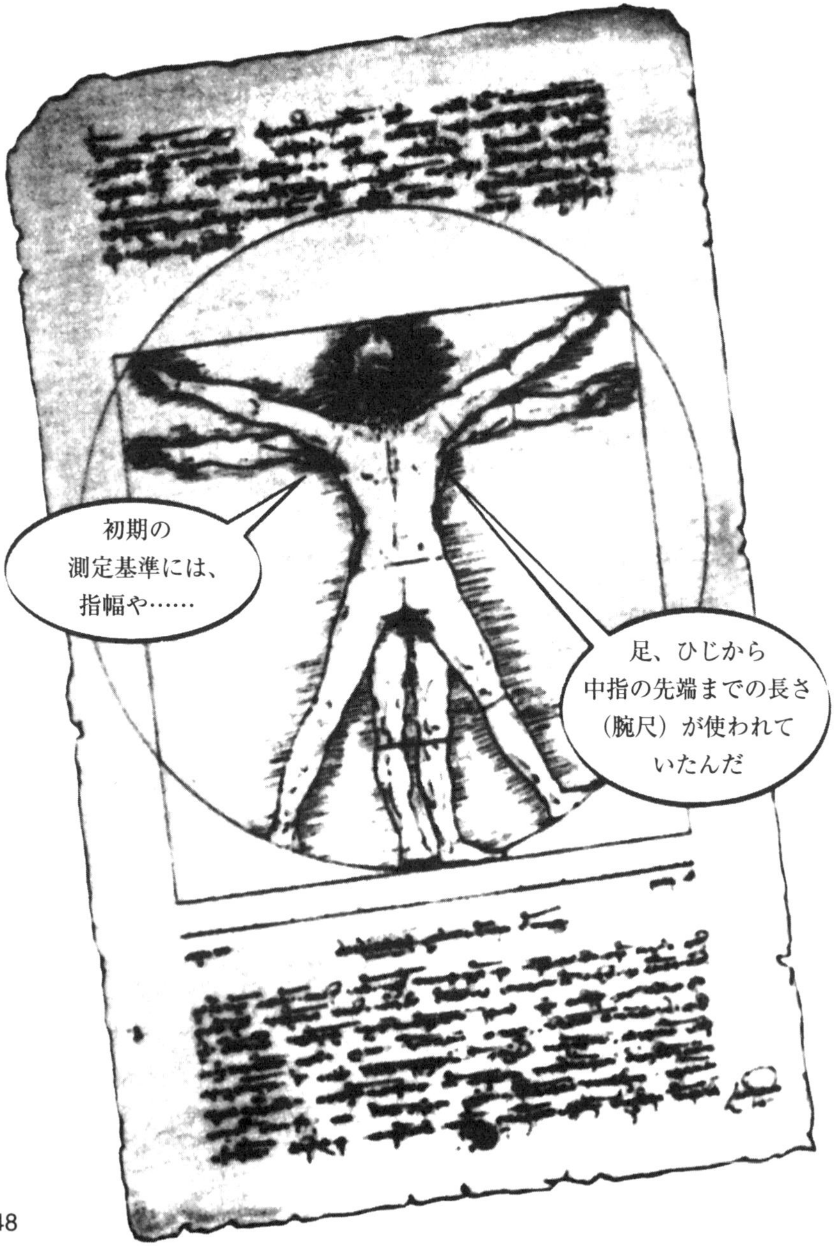
初期の
測定基準には、
指幅や……
足、ひじから
中指の先端までの長さ
（腕尺）が使われて
いたんだ

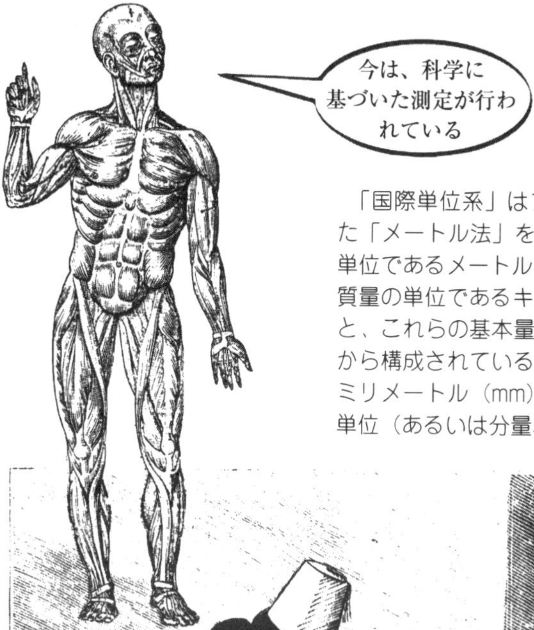
今は、科学に基づいた測定が行われている

「国際単位系」はフランス革命のときに導入された「メートル法」を発展させたものである。長さの単位であるメートル（m）、時間の単位である秒（s）、質量の単位であるキログラム（kg）などの基本単位と、これらの基本量の組み合わせで構成された単位から構成されている。実際には、長さの単位であるミリメートル（mm）のように、10進法による倍量単位（あるいは分量単位）が使われるのが普通だ。

だが、時間だけは例外。かつて、フランスの改革者たちはひと月を10日ずつ3分割し、1日を10時間に、1時間を100分にしようとしたが、全く普及しなかった。したがって、時間に関しては、今でもバビロニアの数体系が使われているんだ

各基本単位には定義があり、測定手順も規定されており、公認された国際委員会によって監視されている。定義は、他によい測定方法が現れたときには変わる。

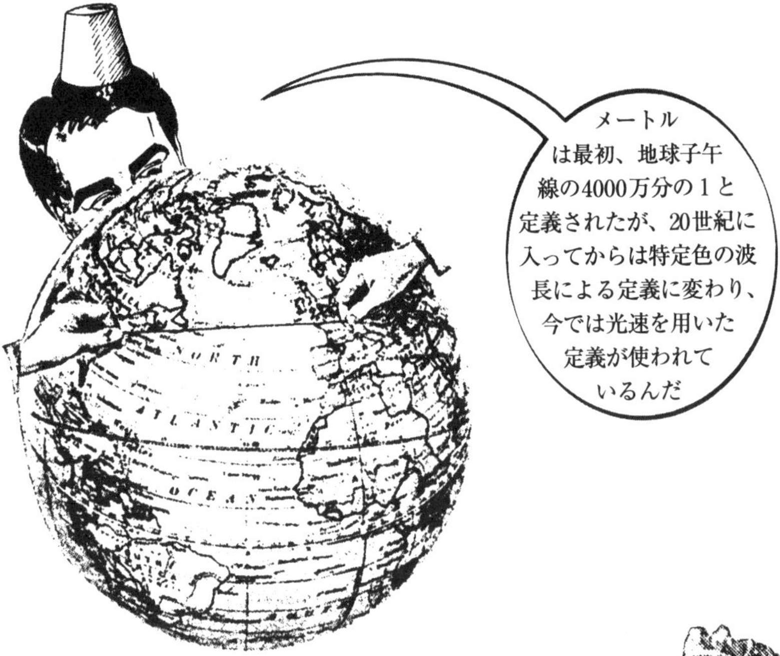
メートルは最初、地球子午線の4000万分の1と定義されたが、20世紀に入ってからは特定色の波長による定義に変わり、今では光速を用いた定義が使われているんだ
NORTH
ATLANTIC
OCEAN

ポンド、ヤード、パイント、クォートなどを含むヤード・ポンド法を使っている国は今でも多数ある。しかし、アメリカのパイント、クォート、ガロンはイギリスの4/5の量しかないので、注意が必要だ。したがって、あの燃費の悪い「ガソリン食い」の大型車も……

インド皇帝
EMPRESS OF INDIA
いまいましい植民者!
……見た目ほど悪くない!

計数や計算は、厳密な数を含む、不連続で別々の量を扱うが、測定は連続した量を扱う。どんな測定も厳密ということはありえない。測定対象物を測定するとき、目盛りがどんなに小さくても、測定値は必ず二つの目盛りの間にくる。したがって、複雑な測定の報告書には必ず、不確実さの「幅」を示す「誤差バー」が記載されている(記載されなければならない、といったほうがよいかもしれない)。

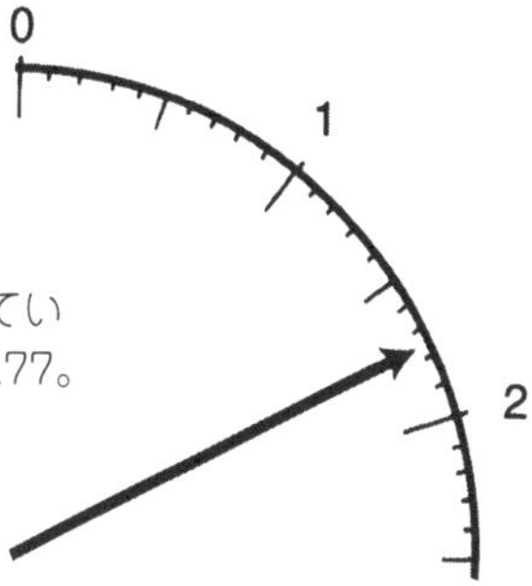

測定
針は1.7と1.8の間を指しているので、測定値はおよそ1.77。

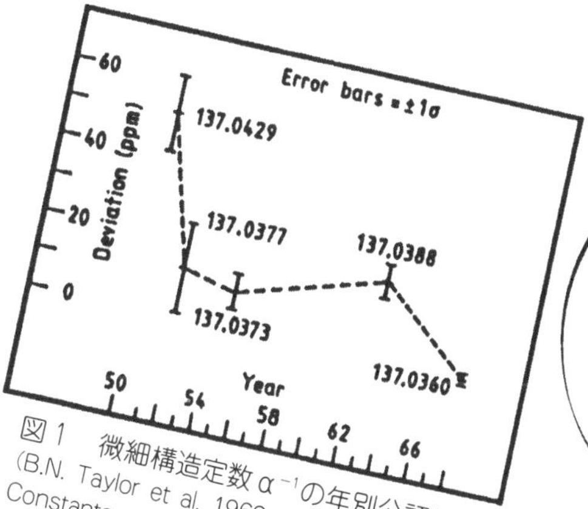

図1 微細構造定数 α^{-1} の年別公認値
(B.N. Taylor et al. 1969 The fundamental Constants and Quantum Electrodynamics, London: Academic. 7ページ)

誤差バーのない測定なんてブランド名のない商品と同じさ。品質についての重要な情報がないわけだからね
彼はずっとそのことを言い続けてきたんだ

先史時代より、測定は建築や設計に使われてきた。ストーンヘンジなどの古代遺跡は天文学上の観察のために厳密に整列されており、その平面図の設計には幾何学的作図が必要であったことが、考古学者たちの研究によってわかっている。中世ヨーロッパの教会は精妙な均整のとれた設計がなされているが、これは、ルネッサンス時代、「神の調和」理論が建築や芸術の根底にあったからだ。また、エジプトの巨大ピラミッドほど考古学者たちにとって大きなナゾに包まれたものはない。

ピラミッドの均整のとれた形は、特殊で不思議な数字の関係を表現したものなのだろうか？
温室の片流れ屋根を真似たんじゃないのかなぁ

設計の数学は、実用数学とギリシャ文明が発展させた「理論」数学とを結びつけたんだ
平面図を引く際、四角形の角のような直角を作れることはとても便利なんだ
直角をもつ三角形があることは、バビロニア人にはよく知られていたんだ
三角形の各辺の長さが、3、4、5あるいは5、12、13ならば、一番長い辺に対向する角は直角になるんだ

これらの数の間には、それぞれ$3^2+4^2=5^2$、$5^2+12^2=13^2$という特殊な関係が成り立つ。

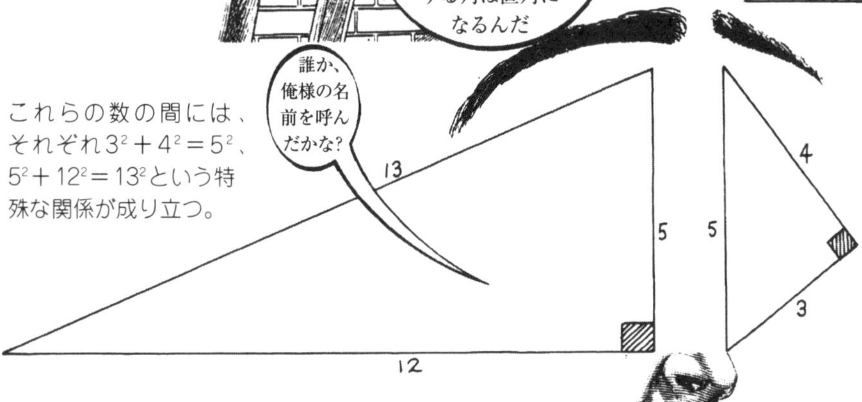

バビロニアの数学者たちは、このような三つの組数を多数生み出した。その作成に特殊な計算技術が使われたのは間違いないだろう。

だが、ギリシャ人は理論を作った

ギリシャの数学

紀元前7世紀以降、ギリシャ人は自然法則を、人間と神との関係を問う宗教的な問題から徐々に切り離して考えるようになった。アリストテレスによれば、数学をギリシャからエジプトに持ち込んだのは、政治家で数学者のミレトスの**タレス**（紀元前624年頃）（訳注：生誕年、以下同様）だといわれている。

ギリシャ人のこのような考え方が、後のギリシャ科学と数学の性質を決定づけることになる。彼らは宇宙と地球とを解明する自然の理論を探究したのである。

私はエジプト幾何学を確立し、自然現象を物理的に解明した
しかし、我々ギリシャ人にとって、数字は依然として不思議な魅力を持ち続けた。なぜなら、数字は全宇宙の対称性と美を表わしていたからだ

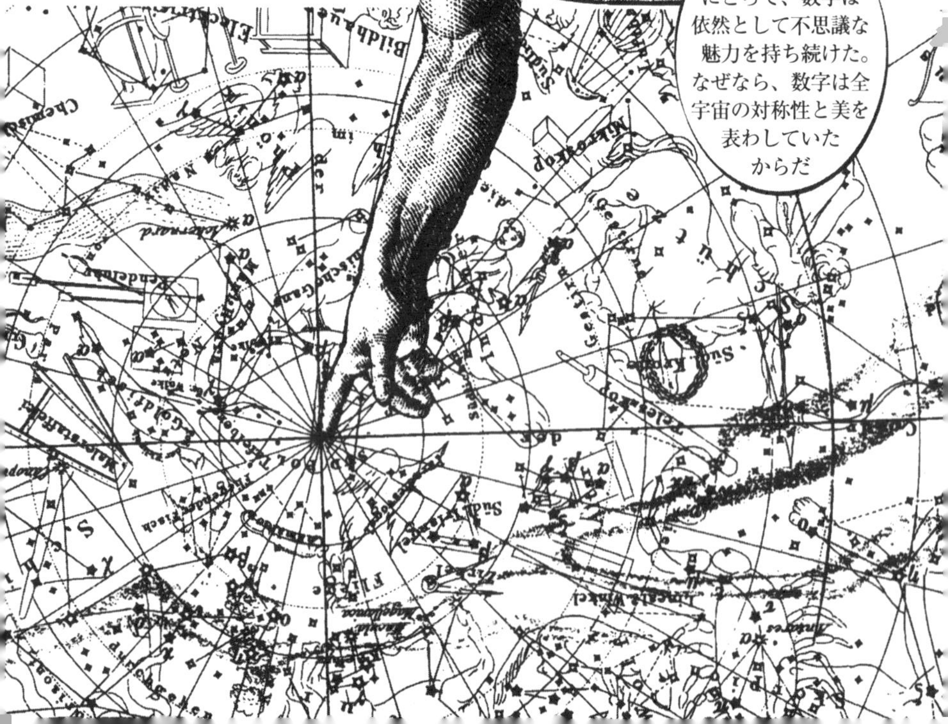

ピタゴラス

私、ピタゴラス（紀元前580年～紀元前500年）は単なる数学者にあらず。市民のリーダーであり、禁欲主義を実行する神秘主義カルトの創設者でもあり、自ら断食を行い、各種活動も自粛した
この発見により、我々は数学が美と神の関係を表わすものであると考えるようになったんだ。つまり、すべてを解明するカギを握っているのは、不思議な性質を持つ数字であると考えたのだ

ピタゴラス学派は、簡単な協和音は弦の長さを簡単な比に設定した複数の楽器の組み合わせで作ることができることを、すでに発見していた。例えば、オクターブは２本の弦の長さを１：２に、完全５度は２：３に設定する。

ピタゴラスは彼の名がつけられた定理でよく知られている。直角三角形では、２辺の長さの２乗の和は、斜辺の長さの２乗に等しい（すなわち、$a^2+b^2=c^2$）というピュタゴラスの定理である。これまでにも見てきたように、この定理はすでによく知られていたが、一般的証明を試みた最初の人物がピタゴラスであったと思われる。この話は彼の死後何百年間も知られることはなかったが、数学を単なる実用的な学問から哲学的な意義を持つものに変えようとした、我々の知る彼の努力はまさにこのことを指しているのである。

Fig 105

ピタゴラス学派は、多角形や「正多面体」(この世に五つしか存在しない)などの、規則正しい幾何学的図形にも興味を持っていた。しかし、これらの図形の関係を示す数の中には、整数比で表わすことのできないものがあることがわかったとき、彼らは大きな危機に見舞われたといわれている。そのような「モンスター」の最も簡単な例は、正方形の辺と対角線の長さの比である。今ではすっかりおなじみになった$\sqrt{2}$は……

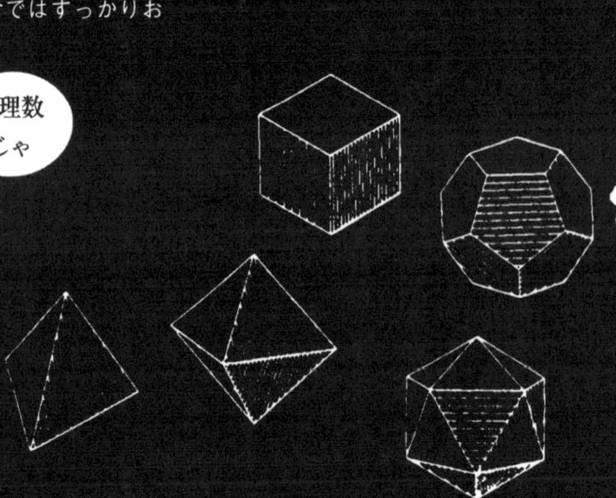

ゼノンのパラドックス

私、(エレアの)
ゼノン(紀元前450年頃)は
パラドックスで有名な人物。私
のパラドックスは、空間、時間、
変化に対する考え方を根本か
ら覆すものだった

ゼノンは四つのパラドックスを使って、空間は有限に分割可能なのか、それとも無限に分割可能なのか、その時、絶対運動や相対運動を考えることはできるのか、ということを示そうとした。

最も有名なものは、アキレス（最も足の速いことで有名）とカメのパラドックスである。カメが最初にいたところにアキレスはいつかは到達するが、そのときカメは更に進んでいる。そしてアキレスがまたそこに到達するときにはカメは更に進んでいる。したがって、カメとアキレスの間の距離は次第に縮まってはいくが、いつまでたってもアキレスはカメに追いつけない……

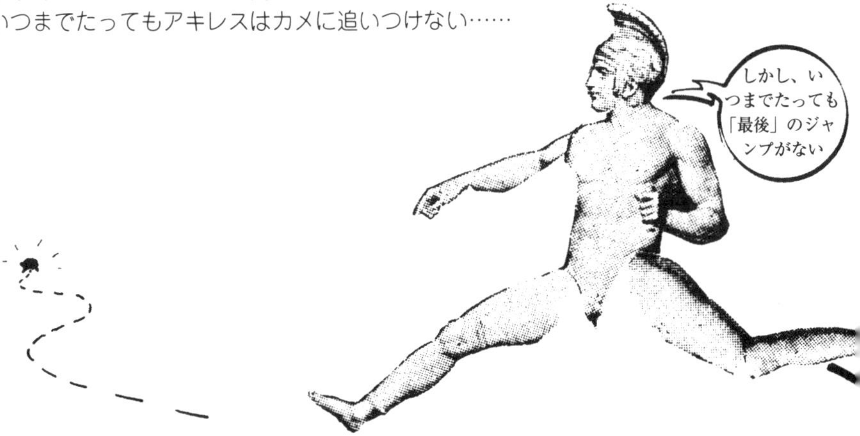
しかし、いつまでたっても「最後」のジャンプがない

彼がカメに追いつくことを、どのように説明すればよいのだろうか？

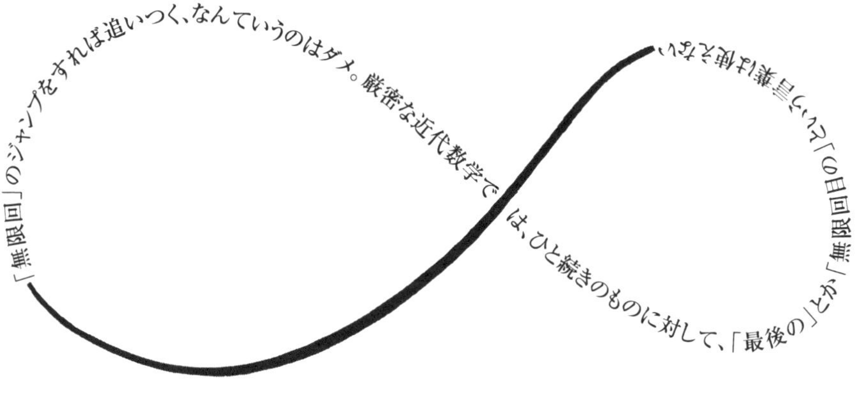
「無限回」のジャンプをすれば追いつく、なんていうのはダメ。厳密な近代数学では、ひと続きのものに対して、「最後の」とか「無限回目の」という言葉は使えない

このパラドックスは、もし空間を無限に分割できるとすれば、運動を記述するうえで矛盾が生じる、ということをいっているのである。

ゼノンはこの他にも、運動に関する三つのパラドックスと一般的な変化に関するいくつかのパラドックスを発見した。ここで、次のような指示を受けた場合を考えてみよう。

まず、コップ1杯のワインを空の樽にいれなさい
次に、水を1滴加え、その混合物がまだワインであるか味見してみなさい
これを、混合物が水になったと思う最後の1滴まで繰り返しなさい
もちろん、そのような最後の一滴などあるはずはない。
しかし、樽がいっぱいになったら、こう言うだろう。
もうワインなんかじゃないよ。風味のいい水だね
しかし、ワインが何滴目で水になったかはわからない。そこで、ゼノンはこう指摘する。
二つの状態あるいは二つのものの境界にいつ達したかがわからないのに、それらが違うとどうして言えるのか？

それ以来、哲学者たちは生涯ゼノンを追い続けたが、アキレスの場合と同様、ついに彼に追いつくことはできなかった。我々の数学的概念について、ゼノンはきっとひとこと言いたいに違いない。我々の概念は明確なものであると信じたいが、恐らくは矛盾に満ちあふれているのだろう。

ユークリッド

私、
ユークリッド
（紀元前323年〜
紀元前285年）は
論証幾何学の
父である

彼の生み出した概念は西洋数学に大きな影響を及ぼし、少し前までは現代幾何学の基礎となっていた。彼は、定規やコンパス（円弧を描くため）などの理想的な道具を使った「作図」に基づく方法で、従来の証明法を体系化した。これらのおかげで、我々は今、数字を使った例を用いることなく、図形やその形に関することを証明できるようになった。彼の幾何学は、総体的で、それゆえに抽象的な証明法を使っていたギリシャ数学を、大きく変えたのである。

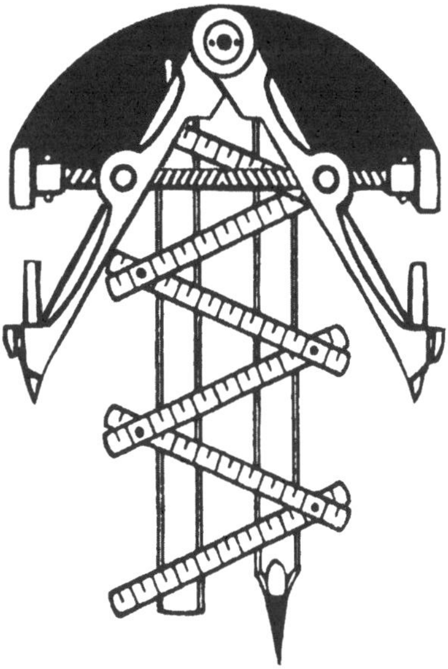

『The Elements』（『ユークリッド原論』）という著書の中で、ユークリッドは彼の有名な幾何学の基礎を説くと同時に、証明に許される作図を定義している（他にも、証明を楽にするもっと複雑な作図があったが、それらは「幾何学的」、つまり正当とは見なされなかった）。『原論』はまず、「点」や「線」などの言葉を定義した後、量に関する五つの「公理」と作図に関する五つの「公準」へと進む（訳注：ただし、現在は公理と公準の区別はしない）。

五つの公理：

1. 二つのものが別のもう一つのものに等しければ、最初の二つのものは互いに等しい。　$a=c$, $b=c$, $a=b$

2. 等式に等式を足せば、等式になる。

= + = 　= 　=

3. 等式から等式を引けば、等式になる。

= − = 　= 　=

4. 二つのものが一致すれば、その二つのものは互いに等しい。　☺ = ☺

5. 全体は部分より大きい。

WHOLE

五つの公準：

平面では次のことが成り立つものとする。

1. いかなる2点間にも、必ずただ一つの直線を引くことができる。

2. いかなる直線も、その両端から無限に延長することができる。

3. いかなる半径の円も、任意の点を中心に描くことができる。

4. 直角はすべて等しい。

5. 2本の線が別のもう1本の線と交わるとき、内角の和が180度より小さければ、その2線は必ず交わる。

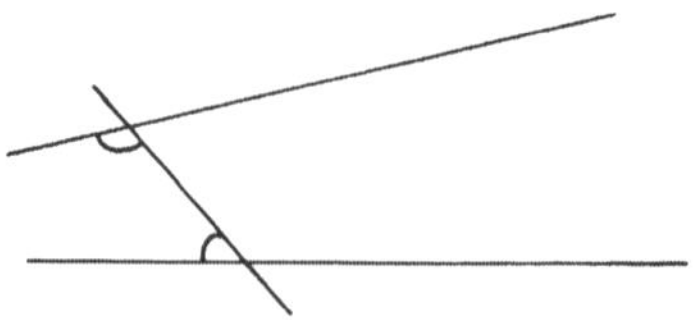

　最初の三つの公準は作図を定義するものであるが、最後の二つの「公準」はむしろ定理と呼ぶにふさわしい。また5番目の公準は「平行線公準」とも呼ばれ、後の数学者たちの絶え間ない挑戦にさらされ続けた。最終的には、この公準はユークリッド幾何学とは別の幾何学をも構築できることの要であることがわかった。

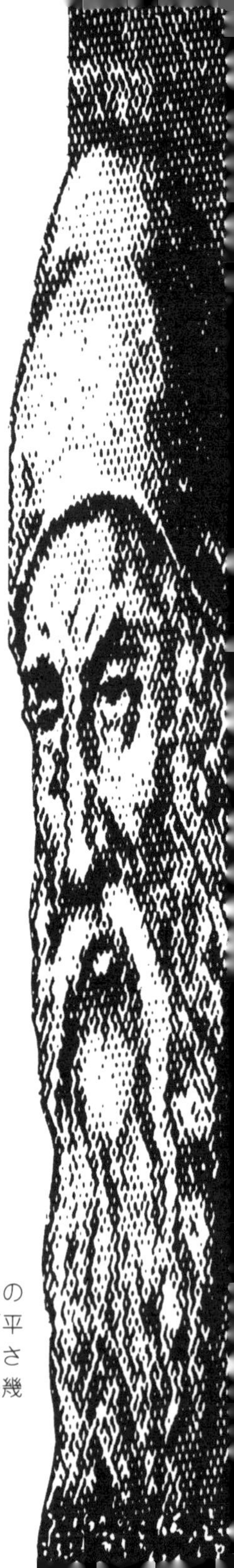

これらの公理を基にユークリッドは、「ピタゴラスの定理」をはじめとする、彼の時代に知られた幾何学的定理のすべてを演繹によって証明した。しかし、彼の公理はその難しさにもかかわらず、後に自明の理と考えられるようになり、それから導き出される結果もまた、真理として扱われるようになった。しかし、幾何学が人間の理性でのみ達成できる真の知識の偉大な例と認められるようになったのは、彼の熱心な努力の賜なのである。

ユークリッドの後に現れる**アルキメデス**（紀元前287年～紀元前212年）もまた偉大な数学者であった。彼は数々の曲線図形の面積をはじめ、様々な球体や柱体の表面積や体積の求積法を考案した。また、πの近似値を計算し……

浮力の法則（アルキメデスの原理）も発見したのだ！

中国の数学者

中国人は形式論理学には全く関心がなく、したがって、ユークリッドの『原論』に見られるような厳密な証明スタイルを発達させることはなかった。彼らの関心事は概念を実践に応用することであり、数学そのもののための研究ではなかったのである。

家が買えるかどうかの計算ができれば、理論など要らぬわ……

だからといって彼らの考え方が、ピタゴラスの定理とは全く異なる、直角三角形の辺についての独自の証明を見事にやってのけるのを妨げることはなかった。また、ギリシャ人とは違って、無理数（二つの整数の比で表わすことのできない数）にそれほど悩まされることはなかった。例えば、負の数を表わすのに、中国人は黒の棒の代わりに赤の棒を使って簡単に表わした。

中国人は、代数の表記には記号は使わず、概念を言葉だけで表わした。代数や他の数学的問題を解くときに彼らが使ったのは、そろばんである。宋王朝（960年～1279年）の頃にはすでに、9次の方程式をも扱える概念を発見していた。彼らはまた、連立線形方程式（二つ以上の未知数）や2次方程式を解くこともできた。

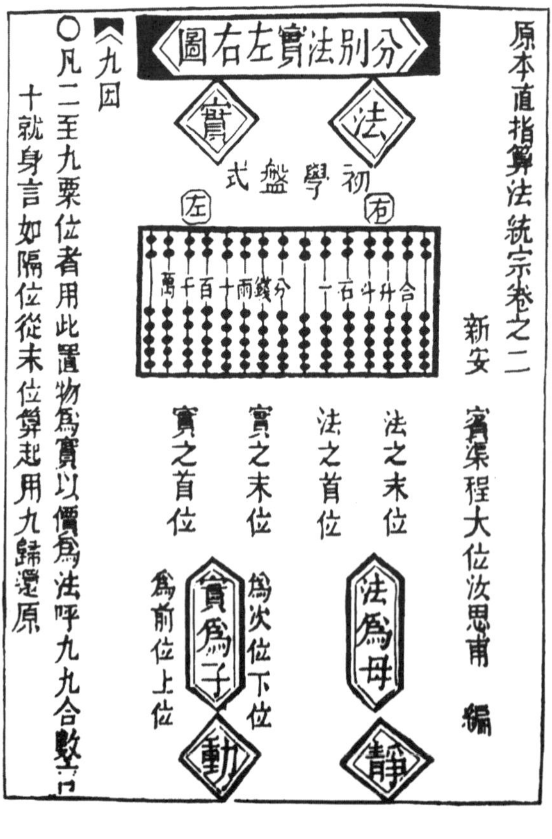

原本直指算法統宗巻之二

新安　賓渠程大位汝思甫　編

分別法實左右圖

法　實

初學盤式

右　左

萬 千 百 十 兩 錢 分 一 石 斗 升 合

法之末位　法之首位　實之末位　實之首位

法為母　靜

為次位下位

實為子　動

為前位上位

九因

○凡二至九乘位者用此置物為實以價為法呼九九合數言

十就身言如隔位從末位算起用九歸還原

彼らはまた、縦、横、斜めのいずれの列の数字も和が等しくなるように並べた「魔方陣」にも関心を持ち、後には立方体の魔方陣も生み出した。

中国人はπの正確な値を追究することに非常に熱心だった。πの値を小数点第4位まで初めて正確に計算したのは、初期の中国人数学者の1人、**劉徽**であった。彼が用いたのは「取り尽くしの方法」と呼ばれる手法である。多角形を円に内接させ、その辺の数を限りなく増やし辺の長さを限りなく短くすることで、多角形を限りなく円に近づけたのである。

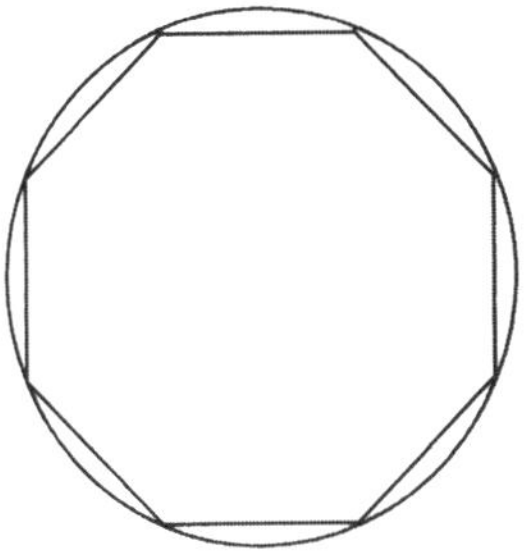

円の
面積が
円周と半径の
積の1/2で
あることも
示した

5世紀には、**祖沖之**と**祖暅之**親子が、πの値を3.1415926および3.1415927まで計算した。西洋でπがこの精度に達したのは、17世紀になってからのことである。

九章算術

『九章算術』は中国の最も有名な数学書である。その著者も、書かれた時期もよくわかっていないが、秦末から漢（紀元１世紀）初期の頃のものではないかと考えられている。そこには次のような項目について書かれている。

- 測地術（分数の加減算の法則）、比（パーセンテージ）
- 比による配分（等差数列、等比数列、三の法則）
- 土地測量（図形によって平方根と立方根を求める）
- エンジニアのための参考テキスト（立方体の体積）
- 適正課税（a 地点から b 地点にものを運ぶのに要する時間と配分）
- 「過剰と不足」に関する項目（配分と不足の問題）
- 表を使った方法（二つあるいは三つの未知数の連立方程式を表を使って解く方法）、直角三角形（辺の長さを求める問題が24問）

『九章算術』の扱う項目の幅の広さ、奥深さを見れば、中国数学が西洋のキリスト紀元の初め頃には、いかに洗練されたものであったかがわかるじゃろう

4人の中国人数学者

中国人数学者が最盛を極めたのは13世紀後半から14世紀初頭にかけてである。この時代の中国の最も有名な4人の数学家は……

私、
秦九韶は
性と数学を
くらい愛する、
の達人……
私、
李冶は隠遁
者……
私、
楊輝は
役人……
そして、
私、朱世傑は
放浪の教師

当時中国には、30以上の数学学校があった。数学が科挙の必修科目だったからである。

中国が生んだ最も偉大な数学者の1人が**秦九韶**である。彼は軍人であると同時に、役人でもあった。その著書『数書九章』には、いくつかの新しい概念が含まれ、抽象的な分析も初めて試みられている（整数解を持つ問題の研究）。

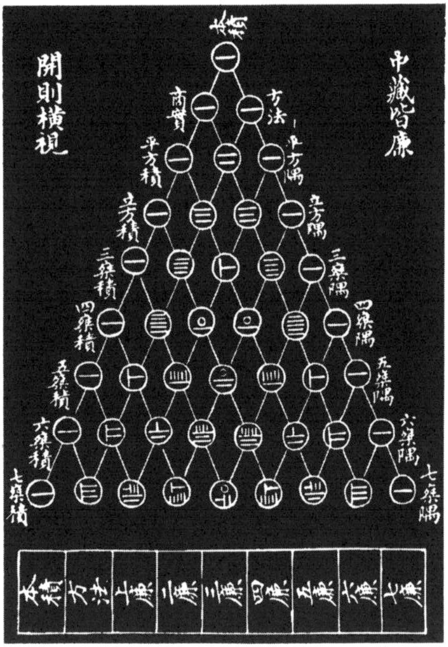

楊輝と**朱世傑**は順列と組合せの研究を行い、二項定理を導き出した。二項定理とは、例えば、2項の積（x＋1）（x＋3）は x^2+4x+3 に展開できるというものである。掛け合わせる項を増やせば、展開されたときに出てくる項の数は増える。例えば、$(x+1)^3=(x+1)(x+1)(x+1)=x^3+3x^2+3x+1$、という具合だ。

1次式 11
2次式 121
3次式 1331
4次式 14641
PASCAL

パスカル

2人はこの定理から現在「パスカルの三角形」と呼ばれているものを作り出した。彼らは、xの係数にはあるパターンがあることを発見したのである。1次式（例えば、（x＋1））の係数は1、1、2次式の係数は1、2、1、3次式の係数は1、3、3、1、…となる。この係数パターンをレイアウトした形は、17世紀に**ブレーズ・パスカル**が編み出した形と全く同じものである。

現在、パスカルの三角形は確率計算に使われている。第2列目は、コインを二つ投げたときに表と裏が出る出方の数を示している。すなわち、二つとも表が出る出方は1通り、裏と表が出る出方は2通り、二つとも裏が出る出方は1通りというわけである。

中国人は
この三角形をパス
カル(1623年〜62年)
より5世紀も前に発見
していたのだ

この三角形について最初に言及したのは宋の数学者**賈憲**（1100年頃）で、したがって発見されたのはそれよりももっと早い時期であった可能性もある。

インド数学

インド数学は、中国数学同様、演繹的証明や一般化に対する概念は乏しく、証明法としてはもっぱら図示による証明をはじめとする、ありとあらゆる方法が試みられた。インド数学はインドの論理学者や言語学者によって構築された思考的枠組みを基盤として発展した。

その発展の歴史を見てみると、次の4段階に分けられる。

紀元前2500年から紀元前1000年頃のハラッパー時代の数学は、主に煉瓦などを扱うための原始的な数学だった。

これに続くのが、ハラッパー時代の後およそ1000年続いたヴェーダ時代。宗教的儀式のための幾何学に関心が持たれた。ジャイナ教と仏教が台頭したのもこの時代である。

そして、古典時代。これは紀元1000年頃まで続いた。この時代の数学者は数、アルゴリズム、代数といった数学の初期概念の発見に熱心に取り組んだ。

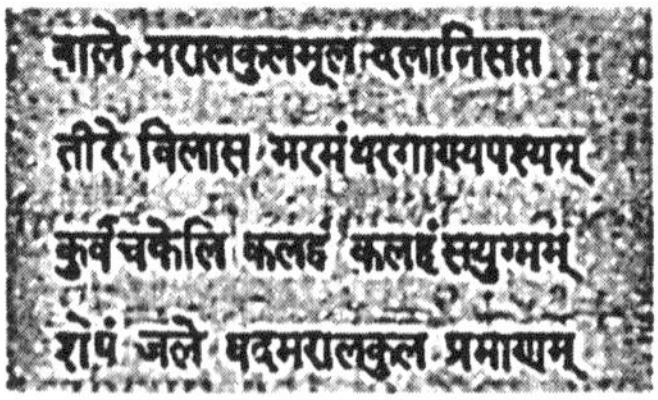

インドの数学者バースカラの詩（次ページ）……

インド数学が最盛期を迎えたのが、1500年代まで続いたケーララ派を中心とする中世時代である。この時代、数学の初期概念が次々と発見された。この時代になぜケーララで数学が飛躍的な発展をみせたのかは、はっきりとはわかっていない。しかし、ケーララ派はヨーロッパの数学に影響を及ぼしたのではないかと考えられている。なぜなら、ヨーロッパにおける後の「発見」が、その3世紀前にすでにケーララの数学者たちによって予測されていたからだ。

ヴェーダ幾何学

ヴェーダ期のインド人は非常に大きな数を好んだ。それは彼らの宗教観の一部を形成するものだった。例えば、彼らがいけにえの話をするとき、1000億というようなとてつもなく大きな数が出てくる。彼らにとって数というものは10倍ずつ増えていくものであることが、はっきりとわかる。彼らにとって、数は大きければ大きいほど興味をそそるものだったのである。

祭壇の形を見ると、ヴェーダ期のインド人の代数学がどんなものであったかがわかる。一つのシステムに基づき、祭壇は等脚台形に形成され、各辺の長さは様々な儀式に合わせて均等に伸ばしたり、縮めたりしなければならなかった。儀式によっては、ある辺はそのままの長さに保ち、他の辺は伸ばしたり、縮めたりする必要もあった。

そこで、聖職者たちは代数を使って数学の問題を解く必要に迫られることになる。与えられたルールを基に、祭壇の形を変形するのに必要な煉瓦の数を求める問題に、彼らは早速取り組んだ。そして、各層の煉瓦のつなぎ目が重ならないように煉瓦を積み重ねるにはいくつの煉瓦が必要かを求めるために、連立方程式という手法が生まれたのである。

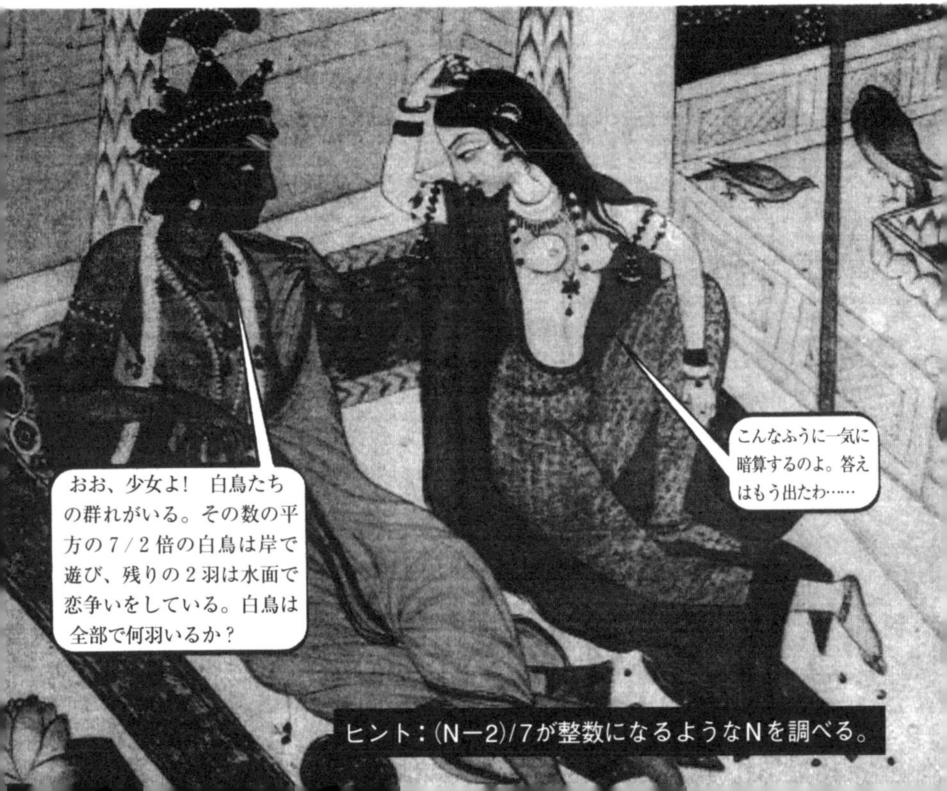
おお、少女よ！　白鳥たちの群れがいる。その数の平方の7／2倍の白鳥は岸で遊び、残りの2羽は水面で恋争いをしている。白鳥は全部で何羽いるか？
こんなふうに一気に暗算するのよ。答えはもう出たわ……
ヒント：(N−2)/7が整数になるようなNを調べる。

インドの数学者はπの値を小数点第4位まで正確に計算した。

インド人は、円の面積や球の体積を求めるとき……
円や球を小さな部分に分割し、その面積や体積を足し合わせたんだ

例えば、球は計算しやすいように小さな角錐に分割した。これはアルキメデスが用いた「取り尽くしの方法」と原理は全く同じである。「非常に小さな」部分を足し合わせるこのような方法は、後の積分学の基本的な考え方を示している。

インド人はこの方法を天文学に応用して、惑星の速度や位置を計算した。例えば、日食や月食を正確に予測することは宗教的に大きな意義があった。これらを正確に予測した天文学者は高い評価を得たのである。インドの数学史を研究する学者の中には、これこそが微積分学の本当の起源であると主張する人もいるほどだ。

ブラフマグプタ

インドの偉大な数学者の1人である**ブラフマグプタ**（598年頃）の時代、代数学は数学の一分野として確立された。彼の書いた論文の内容は平方根や立方根、分数、3の法則、5の法則、7の法則…、交換法則と多岐にわたっている。方程式が現在我々が知っているようなグループ、すなわち、1次方程式（yavattavat　ヤヴァッタヴァット）、2次方程式（varga　ヴァルガ）、3次方程式（ghana　ガーナ）、4次方程式（varga-varga　ヴァルガ-ヴァルガ）に分類されたのは、この時代である。ブラフマグプタがとりわけ関心を持ったのが、未知数を含む線形方程式と2次方程式だった。このような彼の考え方は多くの注釈者たちによって後の世に伝えられていった。

我が愛する小さきモンスターよ
√2

ヴェーダ期のインド人同様、ブラフマグプタは$\sqrt{2}$などの無理数を愛し、その近似値を高い精度で計算した。

ジャイナの数

大きな数を好んだのはヴェーダ期のインド人だけではない。ジャイナ教徒もまた大きな数を愛した。彼らの大きな数に対する考え方は一種独特だった。彼らは、大きな数を三つのグループ――数えられる数、数えられない数、無限大の数――に分類したのである。各グループはまた三つに分類された。すなわち、数えられる数は、小さい数、中ぐらいの数、大きい数に分けられ、数えられない数は、ほとんど数えられない数、本当に数えられない数、絶対に数えられない数に分けられ、無限大の数は、ほぼ無限大、本当に無限大、無限大の無限大に分けられた。ヨーロッパの数学者でこのように大きな数を扱ったのはカントールが最初で、今からほんの1世紀ほど前のことである。

1,000000000000
数をゼロで割っても値は変わらない
無限大のはずだが

ジャイナ教徒の数学者、マハヴィラチャリヤ（850年頃）はその著書で負の数を扱い、ゼロについても追究している。

ヴェーダとジャイナの組合せ

ヴェーダ期のインド人もジャイナ教徒も、組合せを考えて遊ぶのを好んだ。その理由の一つと考えられるのが、ヴェーダの詩のバリエーションに富んだ韻律である。6音節の韻律もあれば、8、9、11、12音節の韻律もある。各音節グループの長音と短音を入れ替えて、どんな組合せができるかを考えるのだ。このゲームはやがて順列を考えるゲームに発展していく。これは、異なる12種類の原料から1種類、2種類、3種類を同時に選んで香水を作るとき、何種類の香水ができるか、といったゲームである。

この
8、11、9、
3の香水は、
ひどい臭い
この思考
のプロセスから、
パスカルの三角形と
同じメル・プラスター
ラ(meru-prastara)と呼
ばれるものが生ま
れたのじゃ

バースカラ2世（1114年頃）は算術、代数学の両方でゼロを正しく使った。代数学では、未知数を表わすのに現代と同じように記号と文字を使っている。また整数論では、非常に洗練された問題に取り組んだ。彼の研究もまた「現代微積分学の基礎」を築いたと考えられている。

数学詩

インドでは、数学的概念が詩の形態で口頭伝承されることがしばしばあった。今でも、数学の問題が詩になっているケースは珍しくない。その中から有名なものを一つ紹介しよう。

おお、輝く瞳をもった乙女よ。
逆算法を使って、
次の問いに答えてみよ。
3を掛けて、その積の3/4を
足し、それを7で割り、
そこからその1/3を引き、
2乗した後、52を引き、
その平方根を求め、そこに
8を足して10で割ると
2になる数は？
時間はどれくらいもらえる？
これでも詩か?
まったく! 答えは次ページだ。詩は気にせず、数字だけに注目してくれ

答えは28だよ。答えを出すには、与えられた演算を逆にやればいいんだ。まず10を掛けて、8を引いて、2乗して、52を足して……って具合にね

答えの出し方：

2に10を掛けて、これから8を引いたものを2乗して、52を足すと196。

$$[(2)(10)-8]^2+52=196$$

その平方根は14（$\sqrt{196}=14$）。この要領で続けると28という答えが出る。

$$\frac{(14)(3/2)(7)(4/7)}{3}=28$$

今では、我々は求める未知数をxとして次のような方程式をたてる。

$$\frac{\sqrt{\{x\cdot 3\cdot(7/4)(1/7)(2/3)\}^2-52}+8}{10}=2$$

複雑な式を解くという意味では昔の方法と変わらないが、今ではxにだけ着目して解いていけばよい。

ラマヌジャン

インド数学史には、直観的な数学者が数多く登場する。**スリニヴァーサ・ラマヌジャン**（1887年～1920年）もその１人で、彼は学業成績は全く振るわなかったが、すばらしい数学者だった。地味な会計士で、伝統を重んじるタイプのラマヌジャンは、数学に抽象概念だけでなく、神秘主義と形而上学も取り入れた。深遠で鮮やかな（間違っていることもあった）結果に彼がどのようにして到達したかは、誰にも理解できなかった。

同じく数学者で、イギリスにおける彼の支援者でもあったG・H・ハーディーがある日、入院中のラマヌジャンを訪ねた。

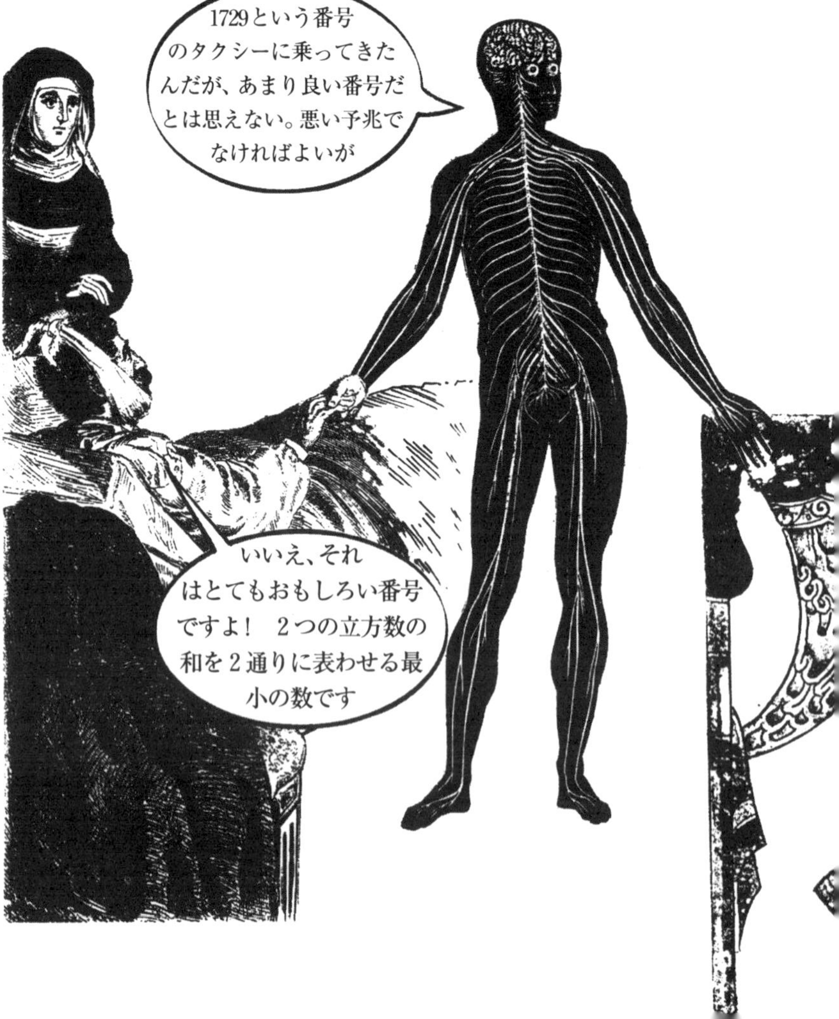
1729という番号のタクシーに乗ってきたんだが、あまり良い番号だとは思えない。悪い予兆でなければよいが
いいえ、それはとてもおもしろい番号ですよ！　２つの立方数の和を２通りに表わせる最小の数です

イスラムの数学

イスラムの数学者たちは、バビロニア、インド、中国の代数学と算術をギリシャおよびヘレニズムの幾何学と融合させることで、初期文明の数学的思想を統一した。そのため、イスラムの数学者たちは整数と分数の基本的な算術演算に長け、10進数と60進数については自由自在に操れるうえに両者の変換も得意で、平方根の計算や無理数演算、立方根の計算、二項係数の算出、4乗以上の根の計算も難なく行うことができた。

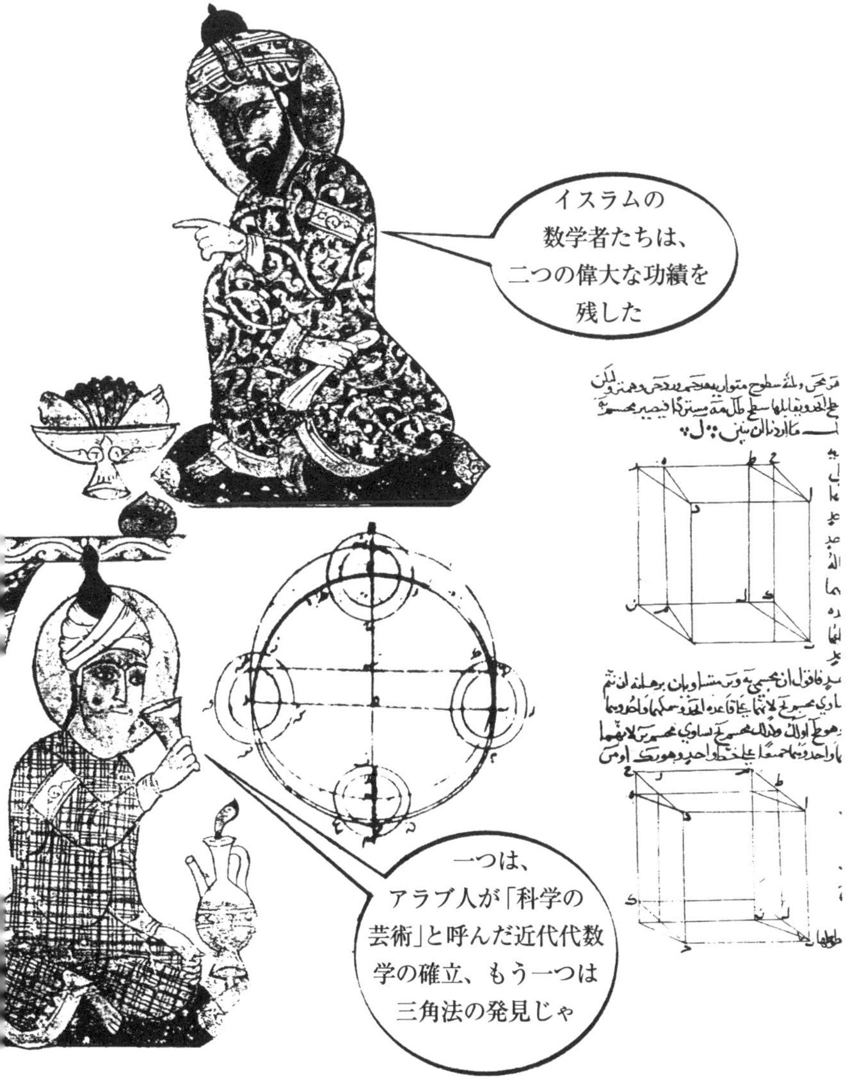
イスラムの数学者たちは、二つの偉大な功績を残した
一つは、アラブ人が「科学の芸術」と呼んだ近代代数学の確立、もう一つは三角法の発見じゃ

アル＝フワーリズミー

近代代数学の創始者は、**ムハマド・イブン・ムーサ・アル＝フワーリズミー**（847年没）である。代数学を意味する「アルジェブラ」は、彼の著書『アル＝ジャーブルとアル＝ムカーバラの書』（Kitab al-mukhasar fi hisab al-jabr wa'l muqabala　移項と式の簡単化による計算の概要書）の題名に由来する。また、「アルゴリズム」の語源は彼の名前である。いかなる問題も二つのプロセス――アル＝ジャーブル（移項）とアル＝ムカーバラ（式の簡単化）――を使って六つの標準形に集約することができることを、アル＝フワーリズミーはこの本の中で説いている。

アル＝ジャーブル（移項）とは、負の値をなくすために「項を移す」という意味である（例えば、$x=40-4x$ は移項により $5x=40$ と書き直すことができる）。

アル＝ムカーバラ（式の簡単化）は移項の後のプロセスで、残った正の値をまとめて「整理」することである（例えば、$50+x^2=29+10x$ は $x^2+21=10x$ と簡単にまとめることができる）。

彼はこの著書では我々が今使っているような記号は一切使っていない。記号が使われるようになったのはもっと後になってからのことである。つまり、彼はすべてを言葉で説明しているのである。言葉だけで、2次方程式の現在の標準形　$ax^2 + bx + c = 0$
を表現し、その解の公式、$x = [1/2a][-b \pm \sqrt{(b^2 - 4ac)}]$
を記述したのである。

この式は45ページにも出てきたね

代数学の発展

イスラムの数学者たちは、「算術家が既知数を演算するのと全く同じ要領で、未知数の演算にも算術的ルールを」慎重に取り入れ始めたんだ
アル＝サマワールは負の数を独立した数として扱う能力に秀でていたんだ

代数学が発展したその背景には二つの目的があった。簡単な算術演算を代数式に体系的に応用できるようにすることと、代数式の意味とは無関係に、数に適用されてきた一般演算を応用できるようにすることである。

アル＝サマワール（1175年没）

アル＝サマワールは代数式を初めて記号を使って記述した人物である。

私の著書『アル＝ファクリ』は「未知数のベキ乗」について述べたもの
また、算術演算を代数式に応用し、「多項式」の代数について初めて述べた人物の1人じゃ
アル＝カラジー（1000年没）
アル＝カラジーの後継者たちは彼の著書に基づいて、多項式の因数分解可能性についての法則を次々と提唱するとともに、多項式の「平方完成」の可能性に関する法則も考案した。
これから「組合せ論」が生まれ、後にさいころの目やカードの札の出る確率を計算する運のゲームの分析に応用されたのじゃ
「二項展開」の公式もこれから生まれた
その係数表である「パスカルの三角形」（すでに中国の数学者によって発見されていた）も提示された

4乗根、5乗根、6乗根とそれ以上の次数の累乗根を、幾何学は使わず、パスカルの三角形と同じものを使った独自の方法で求めたのは自分だと主張する人物がいた。**オマル・アル＝ハイヤーム**（1123年没）である。同じ頃、中国でも同様の発明がなされていた。

私は詩人でもあった
私は代数学についての本を詩形式で書き、代数記号を西洋にも普及させた

アブール・ハサン・アル＝カラサディ（1486年没）

アル＝カーシー（1429年没）はπの値を小数点第16位まで正確に求めるとともに、小数を扱う方法論も考案した。

三角法の発見

イスラムの数学者たちは六つの基本的な三角比と、代数問題の解法を発見した。これにより、ギリシャの偉大な天文学者**プトレマイオス**（100年～170年頃）が使った、（扇形を基にした）複雑な「弦」の方法に代わって、近代三角法が使われるようになった。

これらの「関数」は直角三角形の辺によって定義される。角αに対向する辺をO、それに隣接する辺をA、斜辺をHとすると、sine＝O/H、cosine＝A/H、tangent＝O/Aとなる。この三つの単純な定義から、想像を絶する関係の世界が生まれることになる。三角法は、数学、天文学をはじめ、測量術や築城術などの実践技術の発展にも大きく貢献した偉大な発明だった。

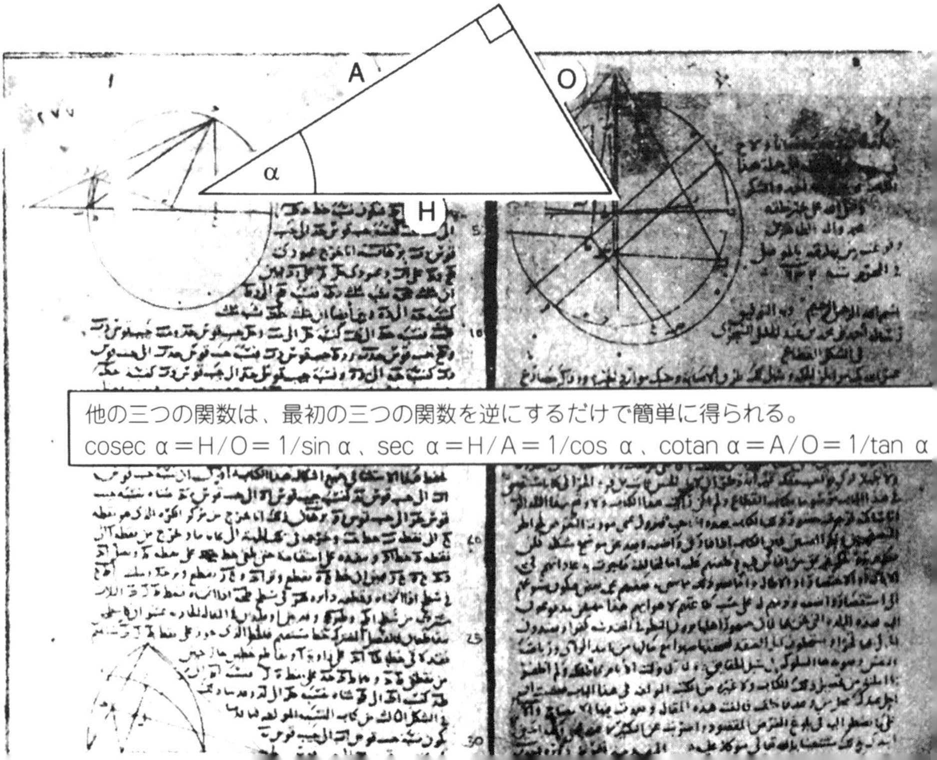

他の三つの関数は、最初の三つの関数を逆にするだけで簡単に得られる。
$\mathrm{cosec}\ \alpha = H/O = 1/\sin\alpha$、$\sec\ \alpha = H/A = 1/\cos\ \alpha$、$\mathrm{cotan}\ \alpha = A/O = 1/\tan\ \alpha$

アル=バッタニー

アル=バッタニー（929年没）は次に示すような三角比の間の関係を多数導き出した。

$$\tan a = \frac{\sin a}{\cos a}$$

$$\sec a = \sqrt{1 + \tan^2 a}$$

また、sin x ＝a cos xという方程式を解くことで、次の公式を発見した。

$$\sin x = \frac{a}{\sqrt{1 + a^2}}$$

（訳注：|x|＜90°での話）

私は、アル=マルワジ(900年頃)によるtangentすなわち「影」のアイデアを利用して、tangentとcotangentを計算する方程式を考案し、cotangentの表も作った

アブール・ワファー

私の作図
法は大変便利なもの
で、ルネッサンス期にヨー
ロッパに普及した。私はまた
新しい三角表も作成し、球面
三角形のいくつかの問題の
解法も考案した

アブール・ワファー（998年没）は次の三角比の関係式を見出した。

$$\sin(a+b)=\sin a\cos a+\cos a\sin a$$

$$\cos 2a=1-2\sin^2 a$$

$$\sin 2a=2\sin a\cos a$$

また、球面幾何学におけるsinの公式も発見した。

$$\frac{\sin A}{\sin a}=\frac{\sin B}{\sin b}=\frac{\sin C}{\sin c}$$

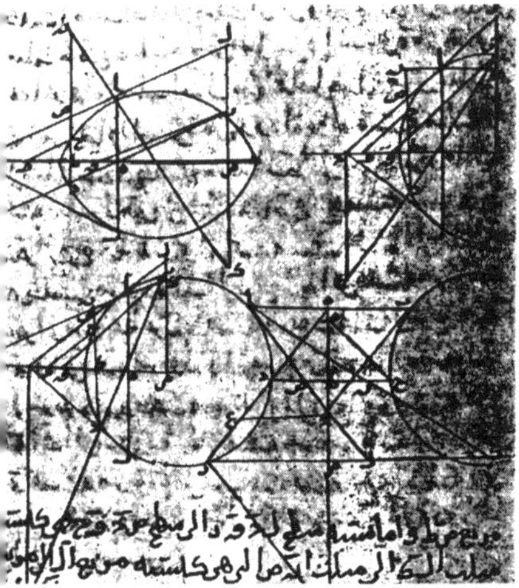

A、B、Cは球面上の三角形を構成する大円の長さ（角度で表わす）で、a、b、cは各辺に対向する角である。大円は球体の中心を通る断面の周囲のこと（今日、大陸横断飛行は2地点間の最短距離である大円を飛行経路に使っている）。

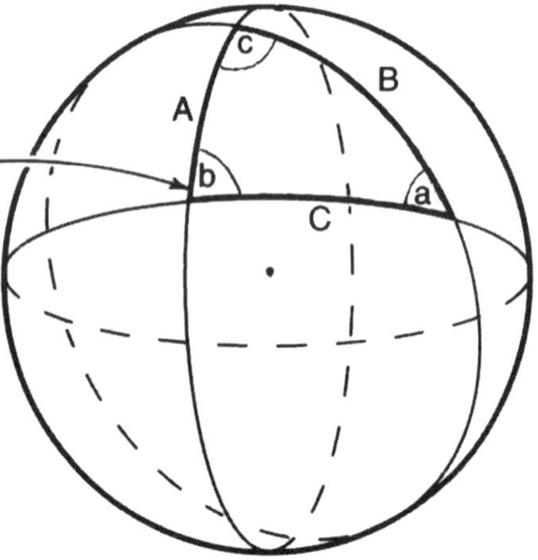

イブン・ユーナスとサービト・イブン・クッラ

イブン・ユーナス（1009年没）は次の公式を導き出した。

$$\cos a \cos b = 1/2 [\cos(a + b) + \cos(a - b)]$$

これは三角関数の積を和で表わす公式である。当時、桁数の大きい数の積を計算するのには大変な時間がかかっていたため、この発見により労力は大幅に軽減されるようになった。これは後の対数の発見につながるが、対数では同様の演算をより直接的に解くことができる。この公式から生まれたのが、今使われている球面三角法の基本的な公式である。

$$\cos a = \cos b \cos c + \sin b \sin c \cos A$$

（Aは大円の弧の長さ、aはAの対向角）

一方、**サービト・イブン・クッラ**（901年没）は数論に関する本を著している。また、数論を拡張し、ギリシャ人が行わなかった幾何学量の間の比を求めた。

彼はまた、平行線は交わるかという問題についても議論している

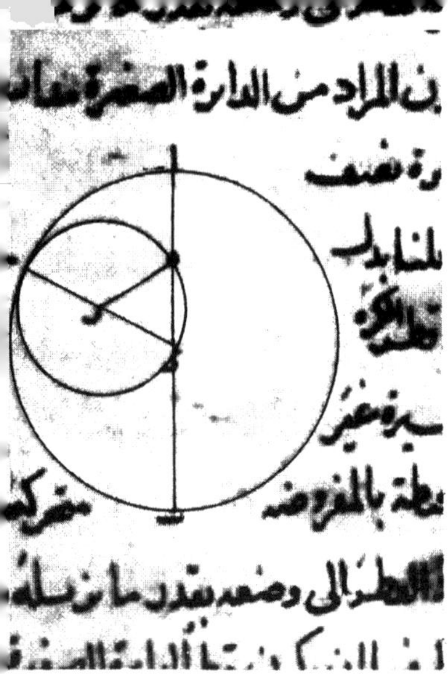

アッ・トゥースィー

平面および曲面の三角法の分野で最も傑出した学者が**ナースィル・アッ・ディーン・アッ・トゥースィー**（1274年没）だった。

彼が行った曲面三角形の包括的分析は数学史に残る画期的な研究である。彼は、直線的な往復運動は二つの円運動の組み合わせで生み出せることを示した「アッ・トゥースィーの対円」を定式化した。後に**ニコラス・コペルニクス**（1473年～1543年）はこの原理を応用して、惑星の不規則運動を円運動の合成として表わし、地動説を唱えた。

整数解の問題

整数解の問題は何世紀にもわたって多くの数学者たちの興味の対象となってきた。整数こそが人びとの理解できる唯一の「数」だったからである。その例の一つとして、「財産分配」の問題を紹介しよう。

4人の息子が父親の財産をそれぞれ1/3、1/4、1/5、1/6ずつ相続し……
銀が5片残るとする
財産はどれくらいあるか？
この種の問題は、我々反対者の知恵（と勇気）を試すのにしばしば使われる「謎かけ」の一つで、試行錯誤で解いていくしかない
答えは100じゃ

このような問題に初めて体系的にアプローチしたのが**ディオファントス**（275年頃）であった。そして、これを理論的に発展させたのがイスラムの数学者たちである。その研究の出発点として選ばれたのが、例えば3、4、5といった直角三角形の辺を構成する「ピタゴラス数」である。彼らはこれら三つの数の関係を発見した後、10世紀には、$x^n + y^n = z^n$の整数解の問題を思いついたのである。数学者の中には数世紀後のフェルマーのように、この問題の整数解は存在しないことが証明できたと自称する者もいたが、後継者たちによりその証明は間違いであることが発見された。これは今でも難問の一つとして、人びとを悩ませ続けている（訳注：$xyz \neq 0$。フェルマー自身の「証明」は残っていない。なお、1994年にワイルズにより解決済み）。

ヨーロッパ数学の台頭

ヨーロッパの数学は、他文明による数学的貢献を基盤にして発展した。中世期、ヨーロッパは技術面、科学面、および文化面においても、東洋文明に大きく遅れをとっていた。しかし、十字軍の遠征により東西文明が出会い、その後スペインとイタリアの学者たちの間で交流が始まると、ヨーロッパはその遅れを徐々に取り戻していった。

彼らの使った文献は、アラビア語の文献（ギリシャ語文献の翻訳あるいはアラビア語の原著）を翻訳したものである。彼らはチームを組んで、時にはユダヤ人をも交えて翻訳作業に取り組んだ。

酒と同じくらい代数学も楽しんでくれたまえ
かたじけない

「アルジェブラ」や「アルコール」など、自然科学分野で使われる「アル-」で始まる言葉はこのプロセスの名残である。ルネッサンス期の15世紀には、審美的かつ神秘的なピタゴラス学派の伝統的な数学が再発見された。

そして、「領土拡大」の時代である16世紀、
ヨーロッパの数学は飛躍的な進歩を遂げたのだ
この時代は、探検、征服、
宗教戦争の時代であった

数学は外国への航海に必要とされ、国内防衛（要塞の設計）と攻撃（大砲台）にも利用された。このような危険な事業を成功させるのに、三角法のような数学分野は絶対不可欠だった。数学は実用面（より優れた数表作り）と理論面の双方で発展していった。

また、商業も着実に発達し、より高度な計算技術が要求されるようになる。初期の頃、教会は「アラビア数字」の使用を禁止し、複式簿記は魔術だと見なした（理由がなければ、複式簿記は認められなかった）。しかし今では、アラビア数字も複式簿記も極めて重要なもので、ごく日常的に使われている。

ヨーロッパの理論数学の発展には、一連の危機とパラドックスが伴った。負の数と無理数は中国、インド、イスラムの数学者たちにとっては特に問題とはならなかったが、ヨーロッパの数学者たちにとっては、実際にうまく使っていながらも、依然として悩みの種だった。このような矛盾が数学の新しい分野を生んだのである……。

20世紀、その
新しい数学分野自体が
最大のパラドックスに
なったのだ

ルネ・デカルト

ヨーロッパの数学に革命を起こしたフランスの偉大な人物、**ルネ・デカルト**（1596年～1650年）が数学者であると同時に哲学者でもあったことには大きな意味がある。確実性の探究のために、彼は人文学的学問を離れ数学に没頭した。しかし、最初彼は愕然とした。

代数学は
あいまいで複雑、
幾何学はあまりに
限定的……
よって、
私はこれらの
長所を融合させ
て欠点を補う
ことにした
のだ

デカルトは、なぜ、代数学を批判しそれを刷新しようとしたのだろうか。16世紀、代数学はその一部が明らかになっていたに過ぎない。しかも、用語のいくつかは省略形が使われていたため、意味はあいまいで、記号もなかったので扱いに苦悩した。しかし、それ以上に当時の数学者たちを悩ませたのは、自分たちが無意味なことを記述していることに気づいたことだった。

「虚」数については、$x^2+1=0$という代数方程式の解であることはすでに述べた。しかし、これらは一体どういった数なのだろうか。ものを数えるのには使えない。2乗すると負の値になる物体など、あるのだろうか。法則に基づいて操作できるのはよいのだが、無意味なことを記述したところで、一体何の役に立つというのか。

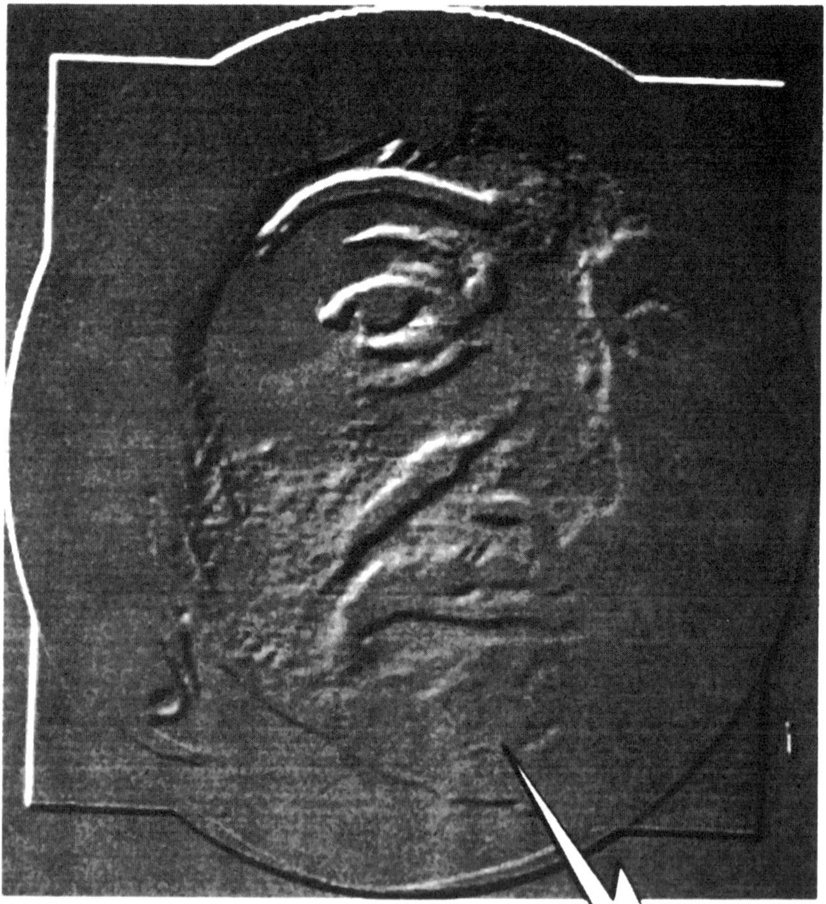
間もなく、別のパラドックスが現れる

解析幾何学

デカルトの努力によってやがて「解析」幾何学が誕生する。これは「座標」幾何学とも呼ばれている。

解析幾何学の基礎となる考え方は、空間における点は……

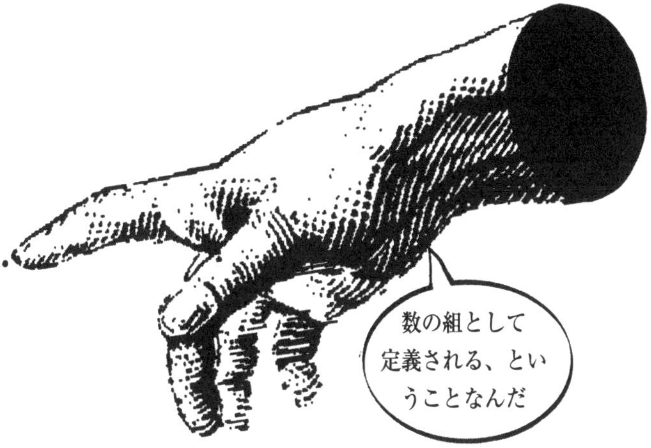
数の組として
定義される、とい
うことなんだ

平面幾何学では、x軸およびy軸と呼ばれる2本の直交する軸が使われる。座標平面上の点の位置は、その座標値（x，y）——原点からのx軸方向およびy軸方向の距離、つまり2本の軸の交点——で与えられる。

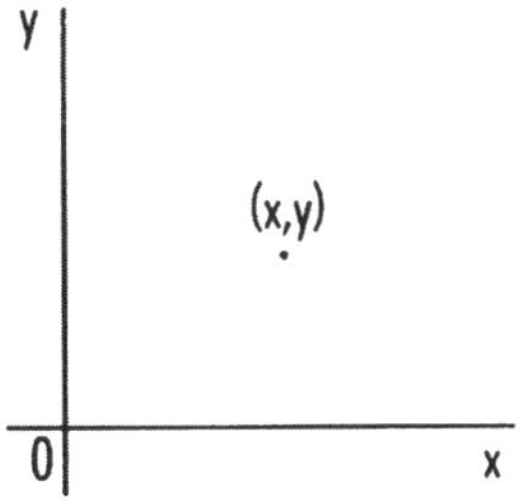

3次元では、互いに直交する3本の軸——x軸、y軸、z軸——が使われる。

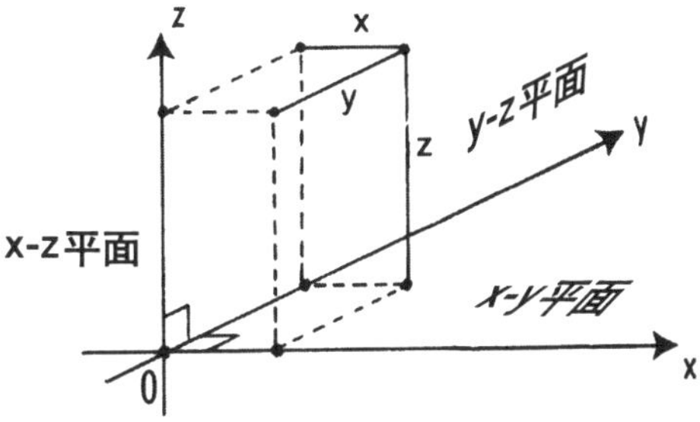

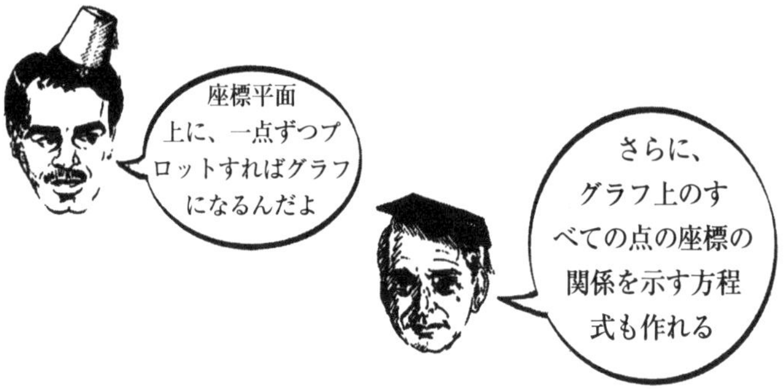
座標平面
上に、一点ずつプ
ロットすればグラフ
になるんだよ
さらに、
グラフ上のす
べての点の座標の
関係を示す方程
式も作れる

最も簡単なグラフは直線である。直線は、$y = ax + b$（a、bは定数）の形をした線形方程式で表わされる。

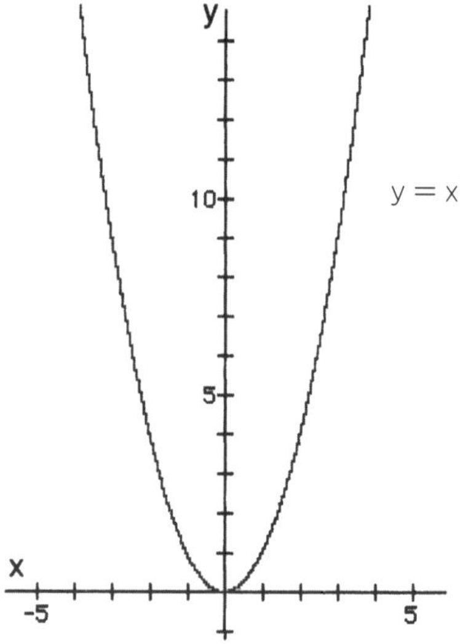

$y = x^2$ は放物線を表わす。

上に行くに
従って広がるの

また、$x^2/a^2 + y^2/b^2 = 1$は
円をつぶした形の
楕円を表わす。

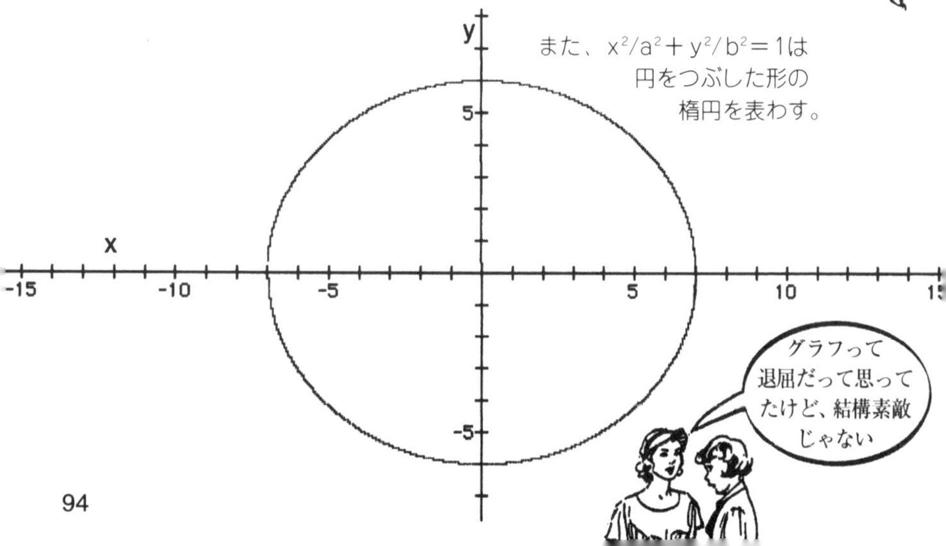

第三の平面曲線は……
「円錐曲線」と
呼ばれる……

双曲線で、方程式 $x^2/a^2 - y^2/b^2 = 1$ で表わされる。このマイナス符号によって、曲線の2本の分枝は無限大に延び、他とは全く違った形になる。

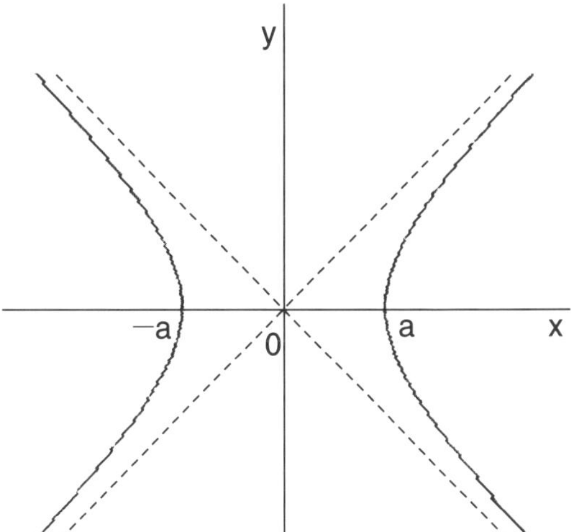

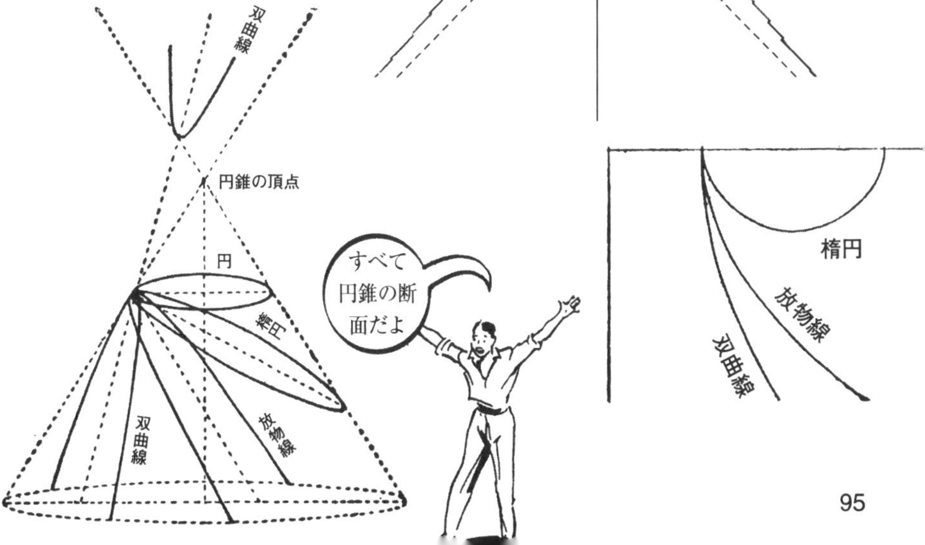

関数

「関数」というのは、一つの変数が他の変数に対してどのような関係あるいは依存性を持っているかを示すものである。例えば、ｙはｘの関数、ｚはｘ、ｙの関数などという言い方をする（デカルトの記述方法にしたがい、変数にはアルファベットの最後の文字を、定数にはａ、ｂ、ｃなど最初の文字を使う）。

解析幾何学や微積分学では、記号を使って表わされた関数を使うのよ
X
Z

したがって、ある数の2乗にその数の2倍を足して3を引く、と定義された関数は次のように書くことができる。

$f(x)=x^2+2x-3$

解析幾何学では、変数を一つ持つこのような関数は、変数ｘを一方の軸に取り、ｘの関数ｆ(ｘ)をもう一方の軸に取ってグラフにプロットする。これは、ｘ軸と－3、＋1の2点で交わり、極小値がｘ＝－1、ｙ＝－4の放物線を描く。

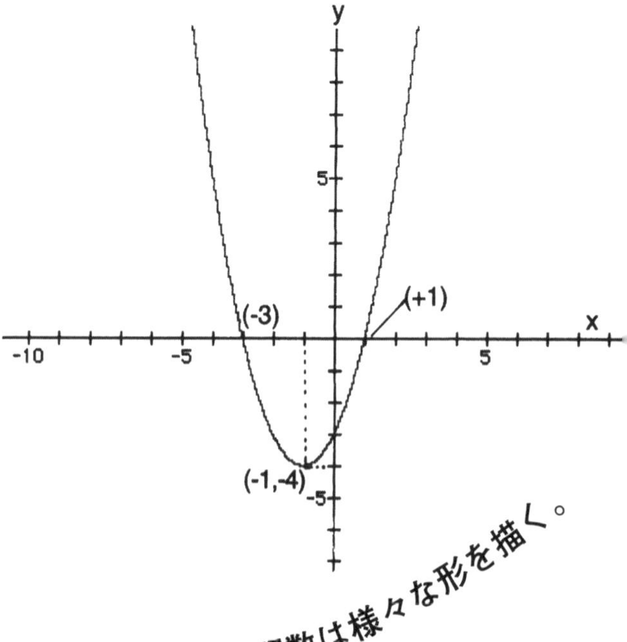

関数は様々な形を描く。

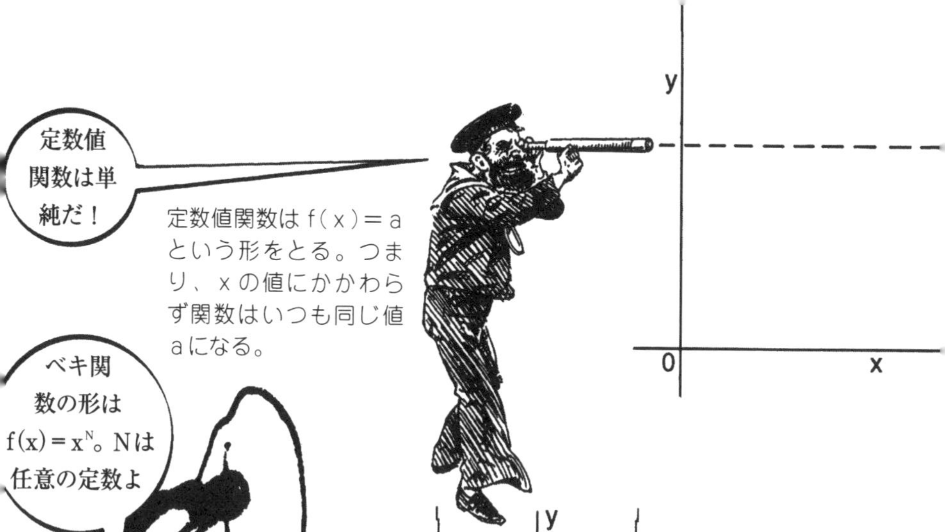

定数値関数は f(x)＝a という形をとる。つまり、x の値にかかわらず関数はいつも同じ値 a になる。

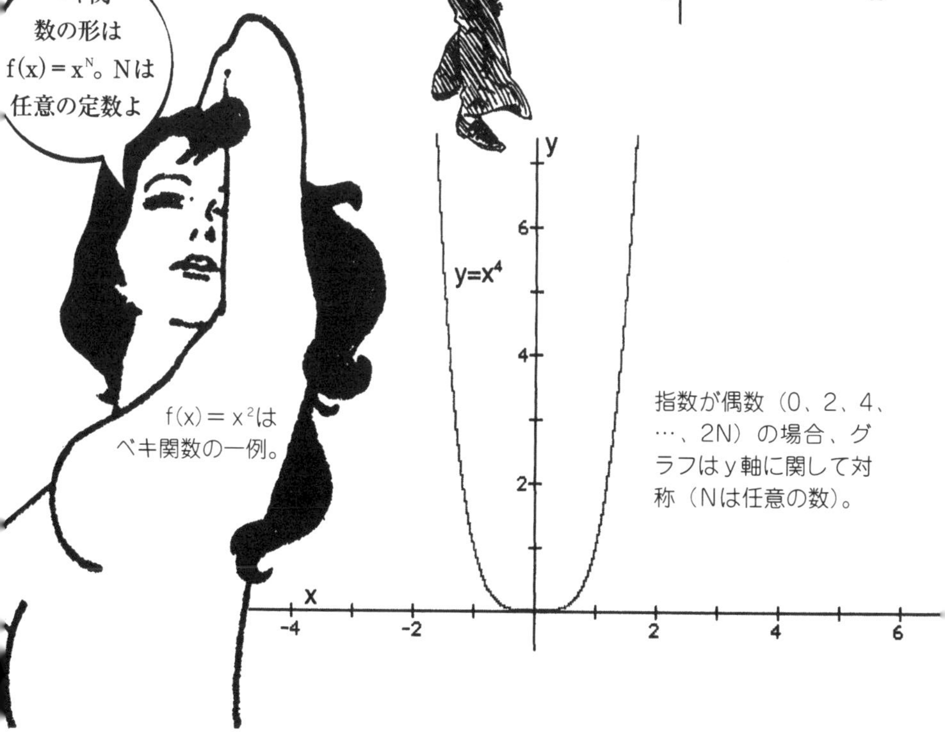

f(x)＝x^2は
ベキ関数の一例。

指数が偶数（0、2、4、…、2N）の場合、グラフはy軸に関して対称（Nは任意の数）。

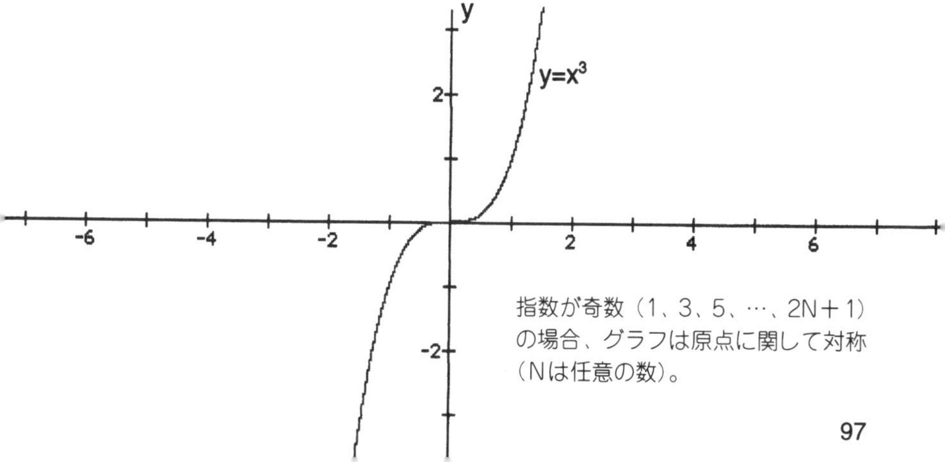

指数が奇数（1、3、5、…、2N＋1）の場合、グラフは原点に関して対称（Nは任意の数）。

根関数はベキ関数の「逆関数」。その形は $f(x)=x^{\frac{1}{2}}=\sqrt{x}$（これは $f(x)=x^2$ の逆関数）。

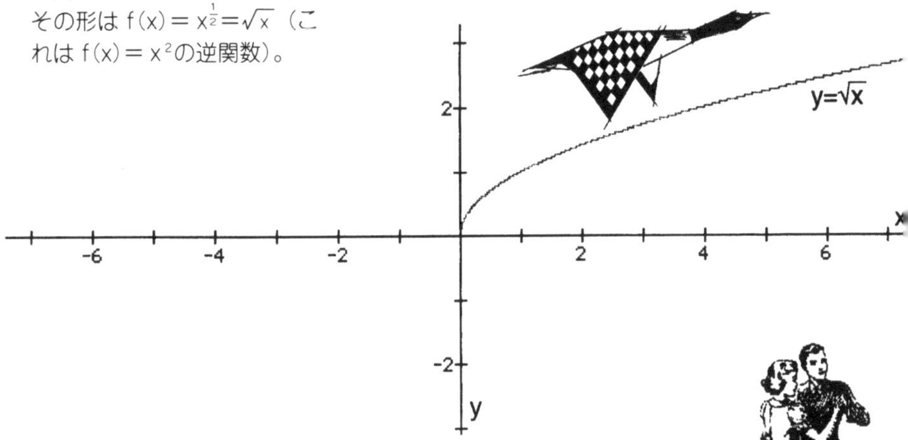

多項関数は定数ａ、ｂ、ｃ、ｄ、…と、指数の異なるｘとからなる関数。

通常、$f(x)=ax^3+bx^2+cx+d$ といった形で表わされる。

この向こうは「超越」関数の領域。油断するな！
代数演算の領域を越えているんだ

三角関数はsineやcosineなどの三角比を使う。その一例が f(x)＝sin x 。

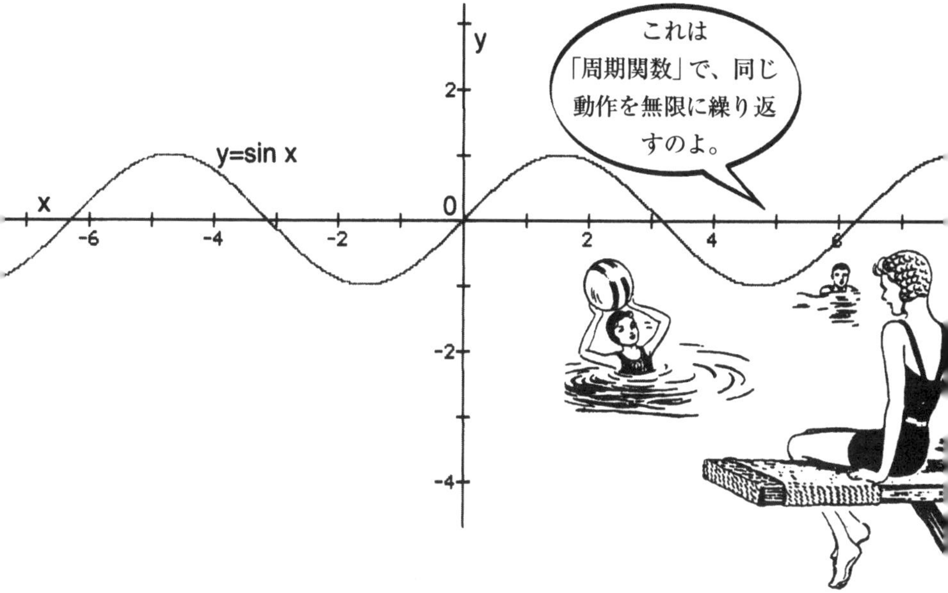

f(x)＝a^x などの指数関数はベキ関数と違い、底が定数で指数が変数である。1より大きい底を持つ指数関数はおそるべき速さで増加していく。

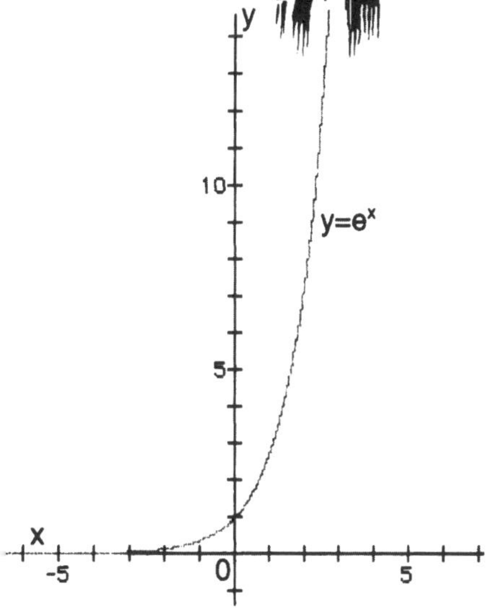

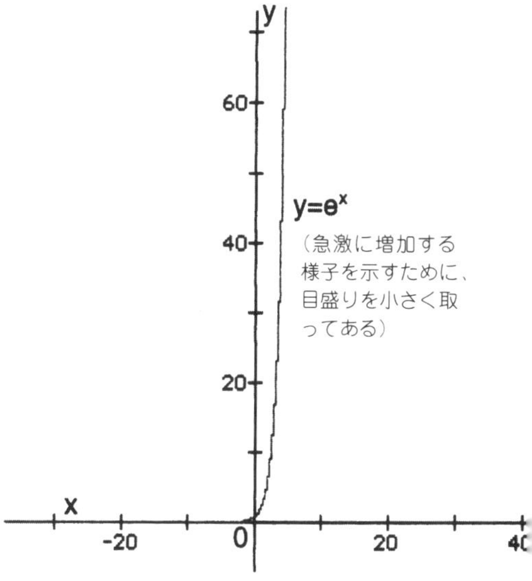

対数関数は指数関数の逆関数で、$f(x)=\log_a(x)$ と表わされる。aを底と呼ぶ。この関数の増え方は緩やかである。一例として、$\log_a(10x)=\log_a(x)+\log_a(10)$ のグラフを見てみよう。

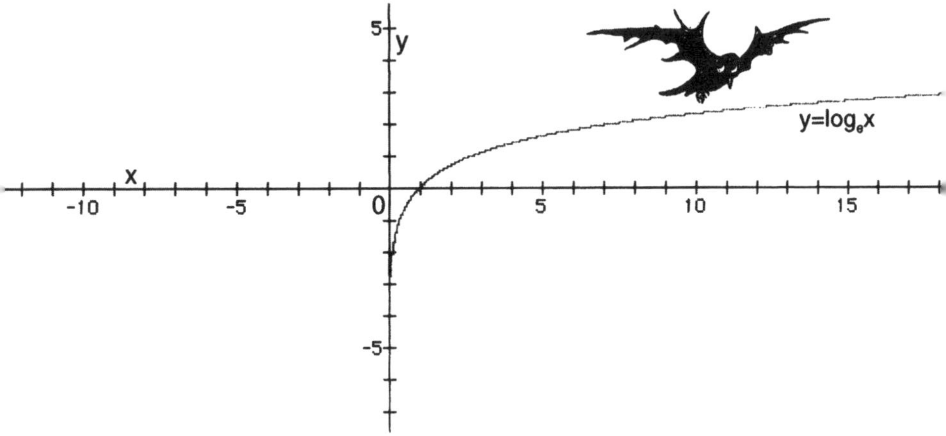

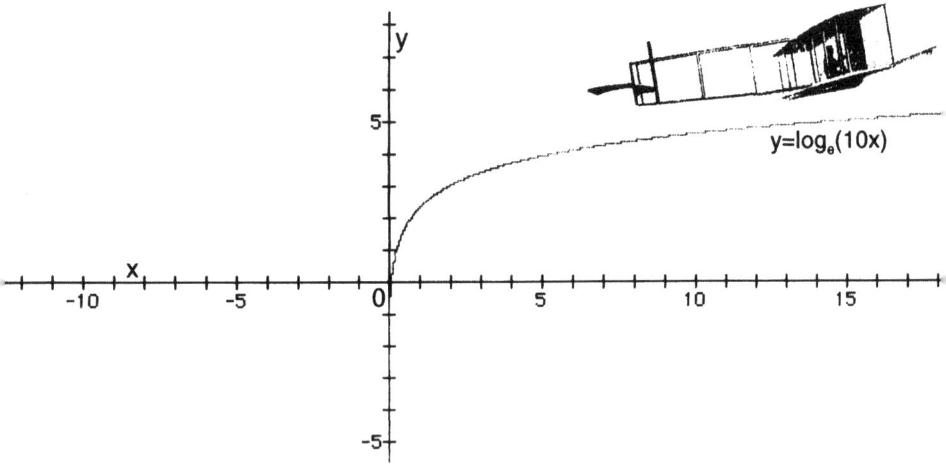

我々がよく使う対数表の底は10である。2進数（0、1）の上に成り立つコンピュータでは、底を2とするのが適切である。しかし理論数学では、$e=2.71828\cdots$がよく使われる。これは「底の母」と呼ばれ、各点での増加する速さがその点での値に等しい（訳注：後の用語で言うと、微分したものが元の関数に等しい）指数関数 $f(x)=e^x$ のeを意味する。

微積分学の主要な解析ツールが、関数なんだ

微積分学

デカルトの功績は、代数を言葉の拘束から解放するというプロセスを完成させたことである。それは、ギリシャ幾何学が作図を数字から解放した以上に大きな意義があった。デカルトにより代数的関係を記述する方法が形式化するや、代数学は飛躍的な発展を遂げたのである。デカルトの代数幾何学についての著書が出版されて40年もしないうちに、ドイツの哲学者であり数学者の**ゴットフリート・ヴィルヘルム・フォン・ライプニッツ**（1646年～1716年）により無限の代数学が生み出された。今で言う「微積分学」のことで、増加と変化の解析に威力を発揮する。

「流体」の位置：x
その速度、すなわち流率：$\dot{x}$
Newton
変数：x
関数：f(x)
曲線 y＝f(x)
接線の傾き＝
導関数：f'(x)＝dy/dx
その曲線とx軸との間
のx座標がaからbま
での面積は：$\int_a^b f(x)dx$
Leibniz

アイザック・ニュートン卿（1642年～1727年）はライプニッツよりも早く同様の発見をしていたが、デカルトの概念を拡張したに過ぎずこれを超えるものではなかった。したがってライプニッツの形が今日の主流となった。これから見てもわかるように、デカルトとライプニッツという2人の哲学者の思想が、それ以降の数学を支配してきたのである。

微積分学の秘密は、それまで一見無関係と見られていた二つの問題——微分と積分——を統一したことにあるんだ

微分

微積分学は解析幾何学の拡張と考えられる。用語のほとんどが同じだからね
微積分学は継続的に変化する量を扱うんだ

量の変化する速さを求めるプロセスを微分という。関数を微分すれば、変化率が得られる。

路上を走る車を考えてみよう。車の位置は時間の経過に伴って絶えず変化するため、任意の時間 t における車の位置 x は関数 x（t）と表わすことができる。

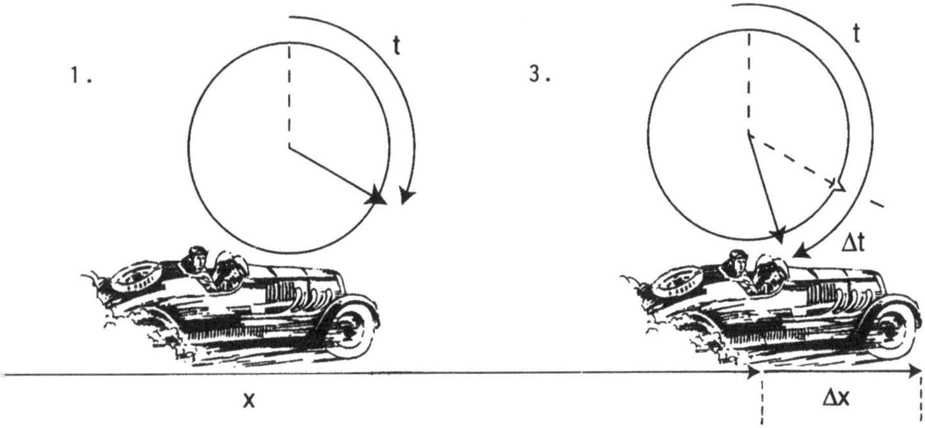

2．時間 t から微小時間 Δt （「増分」という）だけ移動したときの車の位置は、x＋Δx。

4．出発点からその位置に達するまでにかかった時間は t＋Δt。

この車の平均の速さ、つまり「速度」はどうなるだろうか。それは、走行距離 Δx を走行時間 Δt で割ると得られる。すなわち、

$$\Delta x/\Delta t = \frac{f(t+\Delta t)-f(t)}{\Delta t}$$

移動体、つまり車の瞬間時間 t における速度、言い換えれば、時間 t における x の変化率を定義する場合、時間の増分 Δt を限りなく0に近づける。すなわち、Δt を限りなく0に近づけたときの平均速度 $\Delta x/\Delta t$ の極限値が瞬間速度となる。これは通常 x の導関数 dx/dt で表わす。

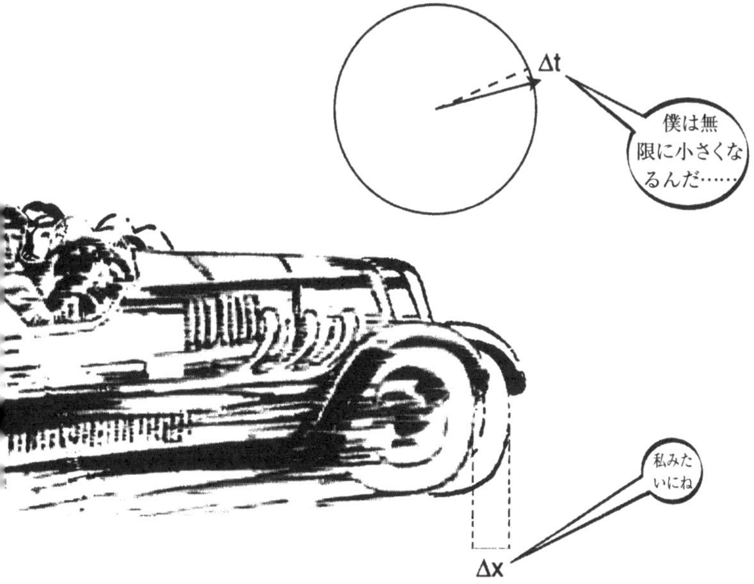
Δt
僕は無限に小さくなるんだ……
私みたいにね
Δx

増分はどれくらい0に近づくのだろう?
実際に0になったら、どうなるんだ?
これは微積分学の最大の謎の一つだね
この特殊な関係では、0を数字ではなく無限小の量と考えるのよ
私たちもやがては0に戻ります!

ｘをｔのグラフとして表わすと、その曲線の時間ｔにおける接線の傾きは導関数として与えられる。

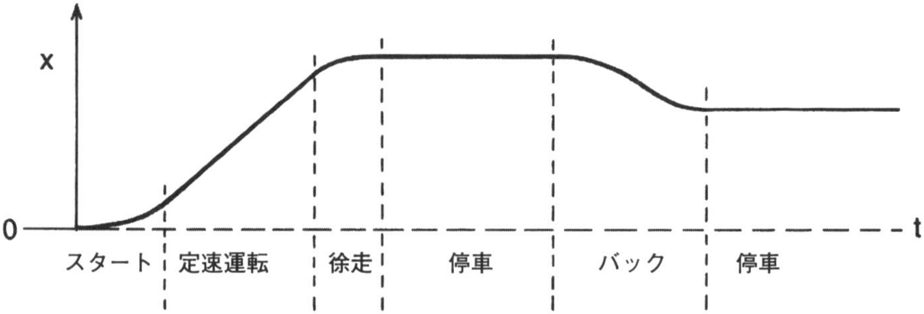

１次導関数：速度＝ｄｘ／ｄｔ

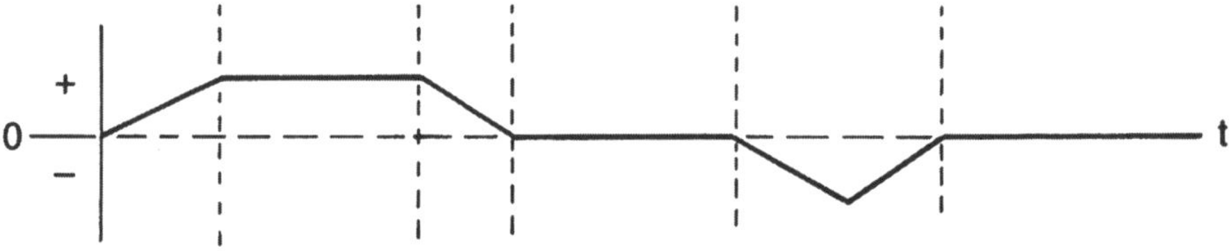

導関数の導関数をとれば2次導関数が得られる。この路上を走行する車の例では、2次導関数は速度の変化率、つまり加速度を意味する。

2次導関数：加速度＝d^2x/dt^2

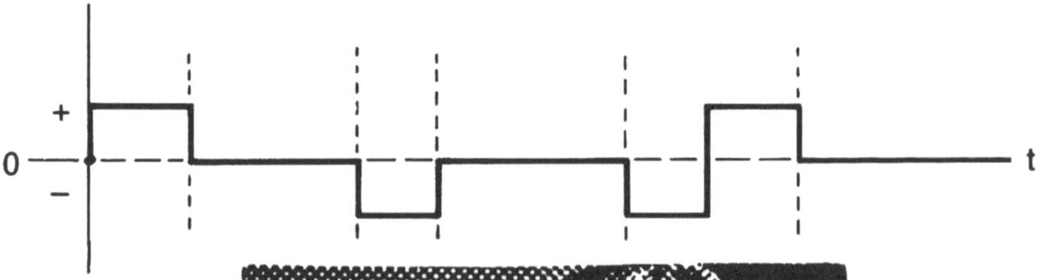

え〜っ！ちょっと複雑じゃない？
気を取り直して。もう一つの解析学が始まるよ

積分

さていよいよ、
「微積分学」を数学的形式主
義の最強のツールに押し上げた
関係について見ていこう

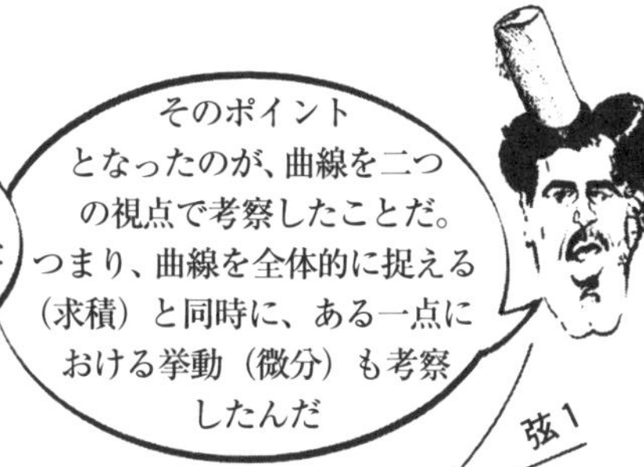
そのポイント
となったのが、曲線を二つ
の視点で考察したことだ。
つまり、曲線を全体的に捉える
（求積）と同時に、ある一点に
おける挙動（微分）も考察
したんだ

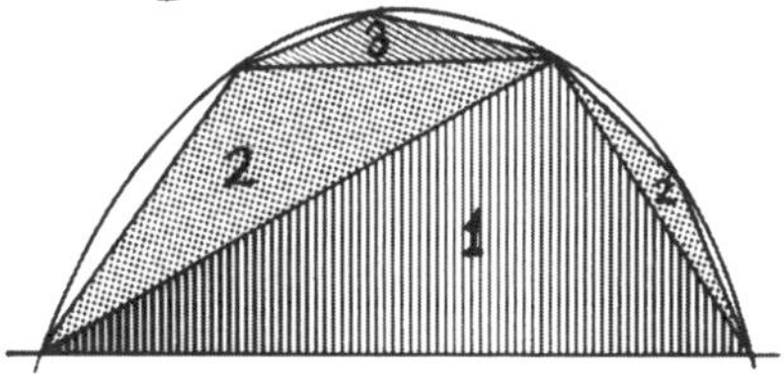

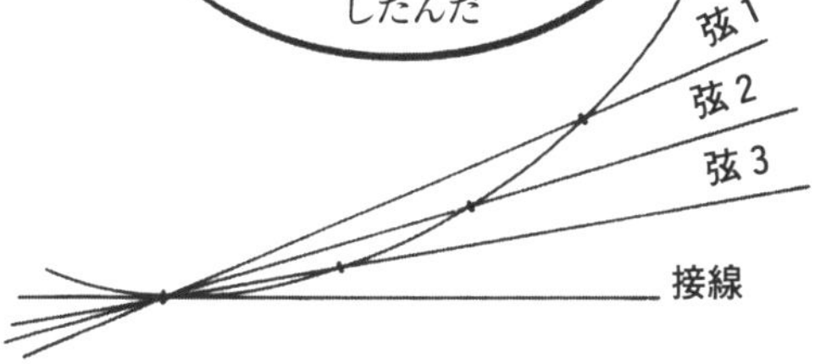
弦 1
弦 2
弦 3
接線

最初の問題は「取り尽くし」という特殊な方法で解決され、

もう一つの問題は曲線に対して一点を通る弦を引くことで解決された。

曲線を関数のグラフとして考えると、求積問題は二つの視点で捉えることができた。すなわち、面積は細長い垂直部分によって「取り尽くす」ことができると同時に、導関数が元の関数になるような新しい関数として定義できると考えたのである。つまり、導関数をとり、それを逆演算するという一連の操作を行うことで、曲線に関する二つの問題は一挙に解決できるというわけである。

導関数と
その逆演算から
始めよう

これがどんなふうに機能するのかを、路上を走る車の走行距離、速度、加速度のグラフを使って見ていこう。ここで注意したいのは、距離の関数 x（t）の微分からスタートするのではなく、逆に導関数から距離の関数を求めていくという方式をとることだ。

いいかい。グラフは上から加速度、速度、距離の順に並べ替えてあるからね

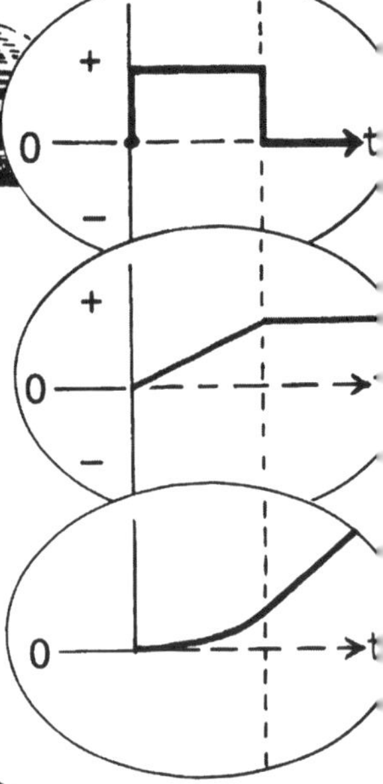

まず最初に、グラフの左端のスタート地点では、加速度は正で速度は増加している。これは我々が車を運転する場合と同じだ。

加速度が一定になると、速度のグラフは直線になり、

距離のグラフは曲線（放物線）になることがわかる。

もう一度おさらいしよう。加速度のグラフで時間の経過とともに両軸に沿って移動する点は、下の二つのグラフの面積の特徴を表わしている。ここがポイントだ。もう少し詳しく見てみよう。

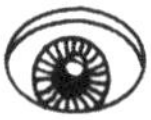

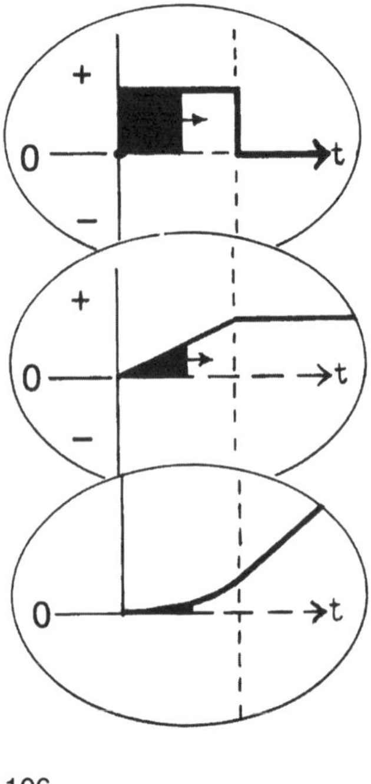

加速度のグラフでは、面積は長方形の形で増えていく。つまり、面積はかかった時間に比例して増えている。これは、速度のグラフの特徴を表わしているに他ならない。

そして、速度のグラフは三角形の斜辺に沿って上昇するので、面積は最初はゆっくりと後になるにつれて急速に増加する。

それはまさに、距離のグラフの特徴そのものである。

これからわかることは、ある関数が別の関数の導関数（変化率）であれば、その別の関数は元の関数の面積を表わす関数である、ということである。

速度は距離の
導関数。だから、距離は
速度の面積を表わす関数
なんだ
そして、加速度は速度
の導関数。だから、速度は加速度
の面積を表わす関数なんだ

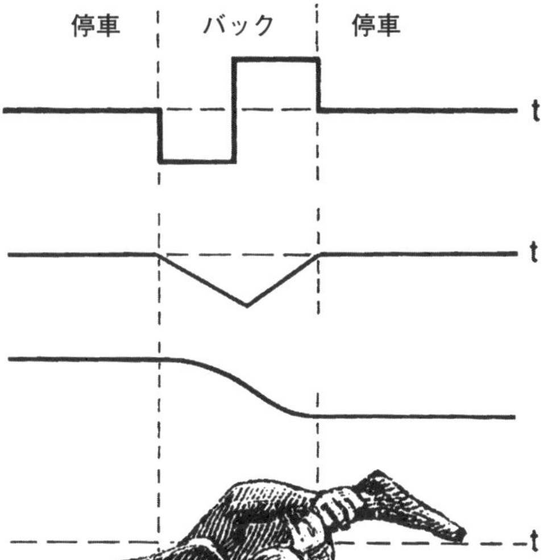

さて、グラフの後半では車はバックしているが、この場合はどうなるだろう。考えてみよう。加速度は負で、面積も負（t 軸の下側）。したがって、速度は一定の率で減少していく。

そのときの距離のグラフを見ると双曲線を逆さにした形で下がっているので、距離は次第に減少していることがわかる。車が停止すると、加速度は0、速度も0で、距離は一定になる。

微積分は
どうも苦手だという人、
悩むことはないわ。最初は
誰にだって難しいの

> ここで、積分のもう一つの概念すなわち面積が、なぜ微分の逆演算になるのかを考えてみよう。これはニュートンの微積分に対する考え方なんだ。これに対してライプニッツは、面積を無限に細い微小部分の和と考えたんだ

速度の関数 v(t) の曲線を見ると、その面積は底辺 Δt、高さ v(t) の非常に細い板に分けられる。

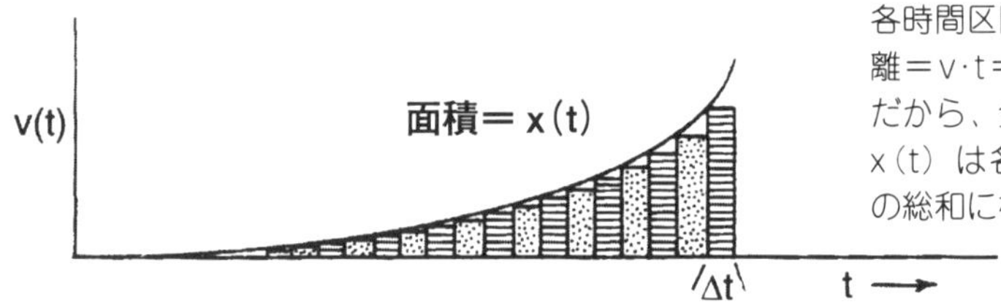

面積 = x(t)

各時間区間 Δt 間に走る距離 = $v \cdot t$ = 板の面積 $v \cdot \Delta t$ だから、全体の走行距離 x(t) は各板の面積 $v \cdot \Delta t$ の総和になる。

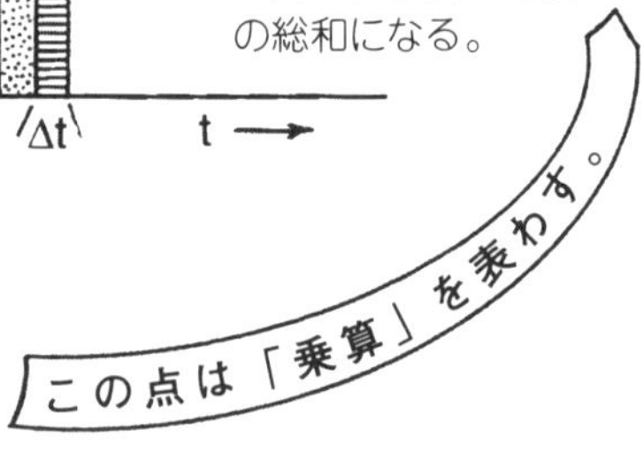

したがって、曲線の下の面積は、

Sum {各板の面積 $v(t) \cdot \Delta t$}

この点は「乗算」を表わす。

となる。

各面積は、時間 t の間に一定速度 v で走行した距離 x を示している。

> 時間間隔を無限小にした場合は、板の底辺を dt とし、面積の和は特殊な記号を使って表わすことにしよう……

$\int v(t) dt$

ライプニッツ　LEIBNIZ

私たちが考えていたのは導関数とその逆演算の関係についてだったね。そこで、「最後」の板を想像してみよう。その面積は単にΔxと表わすことができる。

したがって、 $\Delta x = v \cdot \Delta t$

両辺をΔtで割って、$\Delta x / \Delta t = [v \cdot \Delta t] / \Delta t$

したがって、$dx/dt = v(t)$

つまり、板の面積の総和として定義される関数の導関数は、積分するとその面積になる関数と同じなのである。

代数の形で与えられた関数や、場合によっては特殊関数も、その導関数を求めるのは（比較的）簡単である。面積を代数的に求めるには、導関数が元の関数になる関数を探せばよい。すなわち、曲線全体の問題（求積）は、より簡単なある一点における曲線の挙動問題に置き換えて考えることができるというわけである。

したがって、変化率が与えられれば、位置を求めることができるんだよ
今やったようにね

微積分学が初めて実用に応用されたのは、力学と天文学の分野においてであった。そして、微分方程式という手法により数理物理学が生まれ、そこから、熱やエネルギー、電磁気といった科学分野が開拓されていった。近代テクノロジーを支える近代科学は、微積分学の上に成り立っているといっても過言ではない。

バークリーの疑問

その増分とは一体何なのか？　それがなぜゼロになるのか？　当時の人びとはライプニッツやニュートンに尋ねたが、満足のいく回答は得られなかった。そこへ現れたのがアイルランドの哲学者で英国教会の司教でもある**ジョージ・バークリー**（1685年～1753年）である。彼は鋭い疑問を投げかけた。

William Blakeの
*Newton*より

増分で割るのは納得できる。但しそれがゼロでなければね。そうでなければ、ゼロで割ることになり、不合理が生ずるではないか
増分は常にゼロではないのか、それとも必ずゼロになるのか、あるいはそれは「今は亡き量の亡霊」なのか？
ところで、ニュートンさんが裸になっているぞ！

バークリーがこのような疑問を投げかけたのにはそれなりの意図があった。やがては科学と理性が宗教的な神秘と迷信に取ってかわる時代が来ると主張する「自由思想家」たちが、最低の神学者に負けず劣らず、あいまいで独断的であることを、彼は示したかったのである。彼は小論文の副題で次のように問うている。「近代解析学の目的、原理、推論は、宗教的神秘や信仰よりも明確に知覚されるものなのか、すなわちより明確に演繹されるものなのか？」。彼の答えは明らかに……

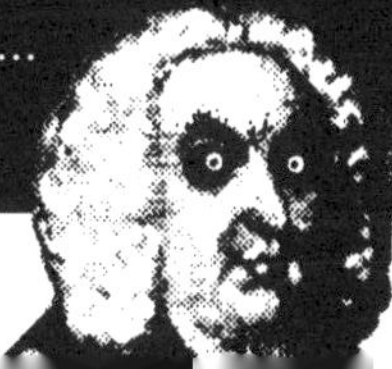
ノーだ！

バークリーの小論文The Analyst（『解析家』）に反論を試みる数学者もいた。彼はその反論を利用して、彼らのあいまいさをより一層アピールしたのである。バークリーはそれを一冊の本にまとめた。A Defence of Freethinking in Mathematics（仮訳『数学における自由思想者たちの防衛』）は批判分析の傑作といわれている。

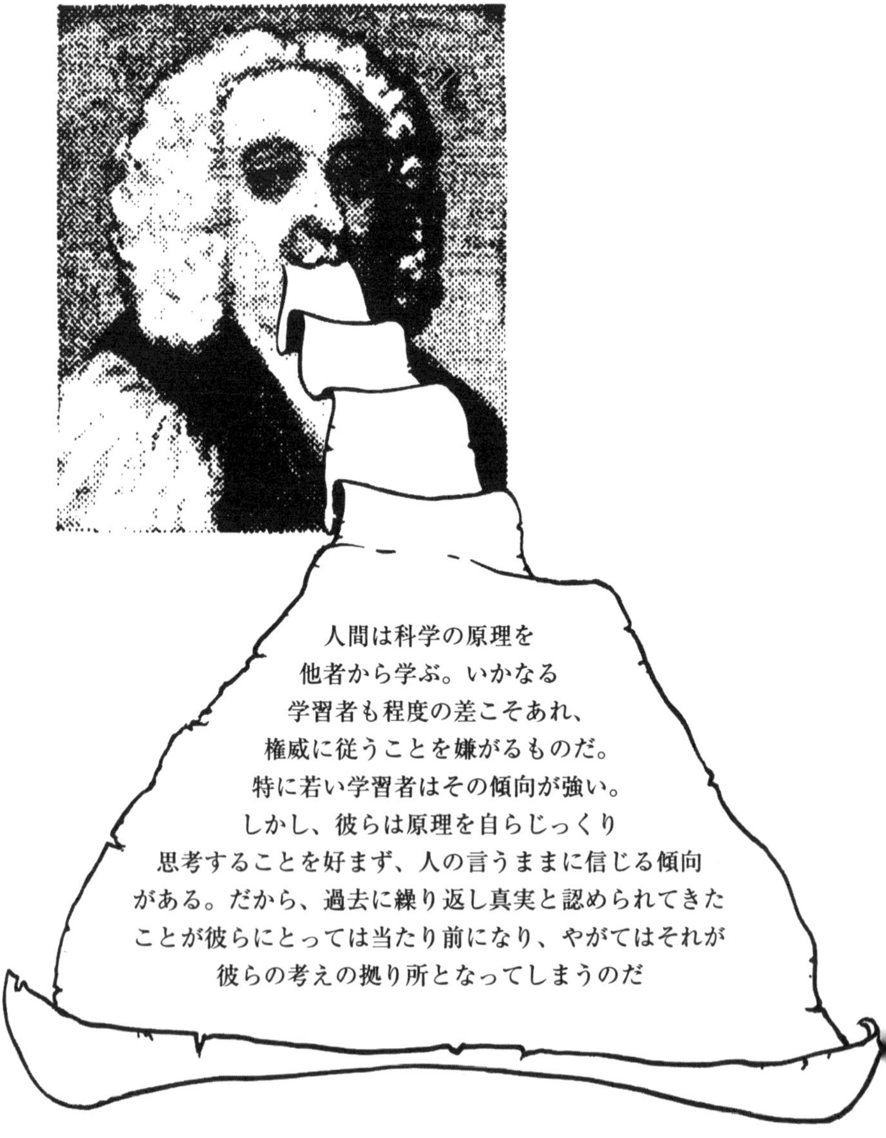
人間は科学の原理を
他者から学ぶ。いかなる
学習者も程度の差こそあれ、
権威に従うことを嫌がるものだ。
特に若い学習者はその傾向が強い。
しかし、彼らは原理を自らじっくり
思考することを好まず、人の言うままに信じる傾向
がある。だから、過去に繰り返し真実と認められてきた
ことが彼らにとっては当たり前になり、やがてはそれが
彼らの考えの拠り所となってしまうのだ

バークリーは、数学や科学の問題を解くために学習しても、それは必ずしも真の理解を助けるものにはならない、と常に主張していた。これは、後に**T・S・クーン**（1922年〜95年）によって打ち出された科学的研究の概念を予測したものだった。クーンは「一般科学」のことを、機能している限り疑問視されることのない「パラダイム」（思考の枠組み）の中で「問題を解く」行為であると述べている。クーンにとって、普通の科学は偏狭な人間の行う行為であり、（数学を含む）科学を教授することは独断以外の何ものでもなかったのである。

先生、ゼロで割るのですか？
数学教師も時には証明に「はったり」を使うことがあるんだ
ひどいなぁ……
微積分学の謎をもっともらしく説明するときほど、これが必要になることはない

オイラーの神

指数関数と三角関数を結びつけ、その関係式を初めて作り出したのが、スイスの数学者、**レオンハルト・オイラー**（1707年〜83年）である。

オイラーは類いまれな数学的才能に恵まれ、その武勇伝には事欠かない。プロイセンのフリードリヒ大王に招聘されたオイラーは、そこでフランス人百科事典編集者で哲学者の**デニス・ディレロット**（1713年〜84年）に出会う。ディレロットは現実主義の無神論者で……

信心深い
オイラーに対抗して、神の存在を数学的に証明してみせよう
$(a+b^n)/n$
$= x$。だから、神は存在する。どうじゃ？

ディレロットは驚きのあまり、しっぽを巻いて古巣のパリサロンへと逃げ帰ったということだ。

この会話に出てくる式には特に意味はない。しかし、オイラーは数学の中で最も美しい公式の一つを考え出した。それは、誰をも立ち止まらせ考えさせるものだった。

オイラーの公式は、宇宙で最も基本的な数を結びつける神秘的で、超越的な式である。

$$e^{\pi\sqrt{-1}}+1=0$$

$$e^{\pi\sqrt{-1}} + 1 = 0$$

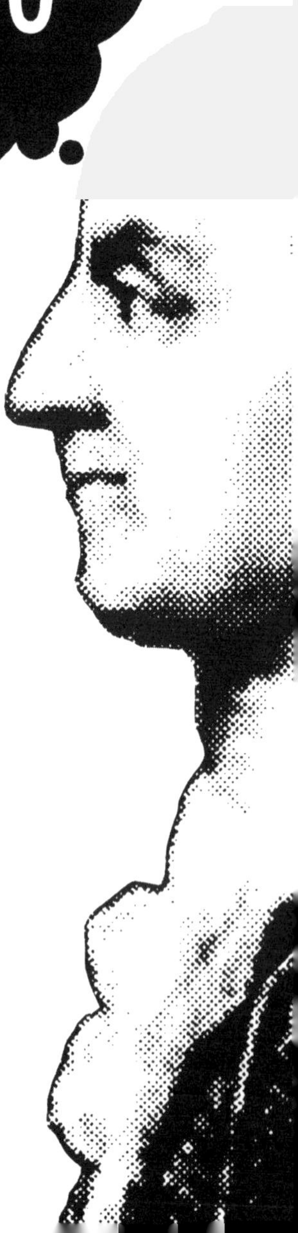

この式を最後から見ていくと、まず、謎に満ちた準数字0が現れる。次に現れるのが1。これはすべての数の基本である最小の自然数である。また、1は平方根の中に負の符号のついた形でも現れる（$\sqrt{-1}$。通常「i」で表わす）。これは多くの文化と文明を魅了した「虚数」の単位である。その隣には、円周と円の直径との比で定義される、最も古い数学定数πがある。そして、最後に現れるのが最も後から発見された超越数eで、これは「自然」対数の底である。

このような関係式は、実験を長く繰り返したからといって、発見されうるものだろうか。

実際、神がかりともいえるこのオイラーの公式は、イスラムの数学者（82ページ参照）によって発見された三角関数と、複素数とを結びつける、オイラー自身が発見した関数が基になっている。

指数関数 e^x のグラフが急激に増加することは、99ページですでに述べた。これに対し $e^{\sqrt{-1}x}$ の軌跡は、何と円なのだ！　円の半径は１で、ｘは円周上の点と始線との間の角度である。その点が円周上を移動すると、ｘは0から２πまで増加する。このグラフを三角関数のグラフとして見ると、$e^{\sqrt{-1}x}$ の「実」部はcos ｘで、「虚」部はsin ｘに他ならない。

したがって、このグラフは、

$$e^{ix} = \cos x + i \sin x$$

と書き表わすことができる（$\sqrt{-1}$ は通常 i と表わす）。

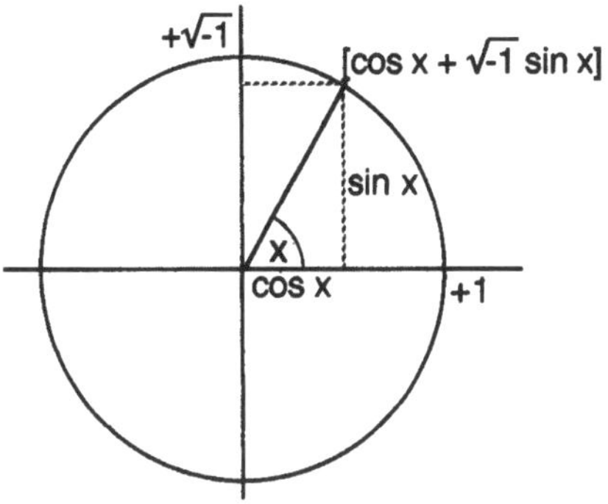

円周上の点がｘの値を増加させながら円周を2回まわるとどうなるだろう。関数 e^{ix} はcos ｘ、sin ｘ同様、同じ動きを繰り返す。したがって、これらの関数は周期関数と呼ばれている。例えば、$y = \sin x$ のグラフは次のようになる。

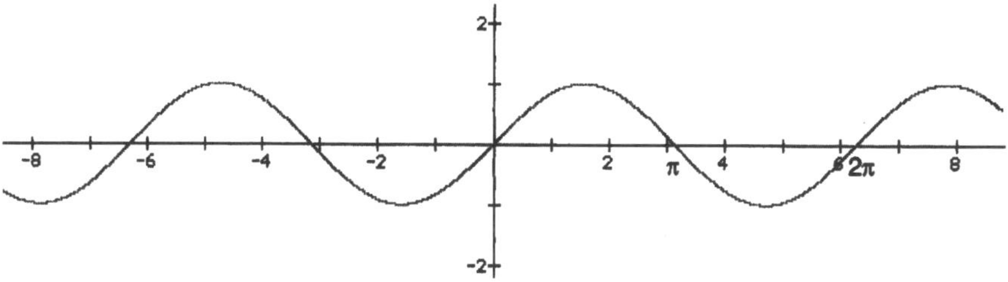

これは、電流のように時間の経過にともなって振動したり、音のように波として空間を伝播するといった多くの現象に似ている。sinとcosはメッセージを伝達する複雑な波形を構成する最も基本的な要素である。数学でsinやcosを扱う場合、「虚数の指数関数」の形にすることで、厄介な計算をすっきりと簡単に行うことができる。

だから、私の神の公式はテクノロジーや産業分野で大活躍しているんだ

非ユークリッド幾何学

ユークリッドの幾何学が、いくつかの「公理」と自明の「公準」に基づいていることは、すでに話した。しかし、その中の一つ、平行線についての公準はむしろ定理に見える。これは何世紀にもわたって数学者たちを悩ませ続けた。なぜなら、これはユークリッド幾何学の真理と完璧さに疑問を投げかけるものだったからである。やがて数学は、この平行線の公準を基盤にしてイマジネーションの世界へと大飛躍することになる。すなわち、非ユークリッド幾何学の誕生である。

非ユークリッド幾何学は複数の数学者たちの手によって完成された。しかし、その先駆者であるイエズス会の数学者**G・サッケリー**は、自分のやっていることをきちんと理解できてはいなかった。1733年に平行線の公準なしでは幾何学は不可能であることを示すために書いたEuclid Cleared of Every Blemish（『あらゆる汚点から清められたユークリッド、一名、幾何学の原理の基礎づけのための幾何学的試論』）の出版を最後に、彼はユークリッドに対するあら探しをきっぱりとやめた。

いくつかの定理は証明したが……あまりに馬鹿げていたので止めたんだ
これは科学思想史に残る、最大の自爆行為だった

証明の結果には何らの間違いもなく、後に「本物」の創始者たちも同じ証明を試みた。しかし、彼らとサッケリーとの違いは、彼らが自分たちのやっていることを理解していたことである。

平行線の公準を表現する方法はたくさんある。我々にとって最も馴染みのあるのは、1本の直線とその線から離れた点を与えられたとき、その点を通り直線と平行な線はただ1つ、というものである。これを認めない場合、平行線は存在しないか、複数存在することになる。

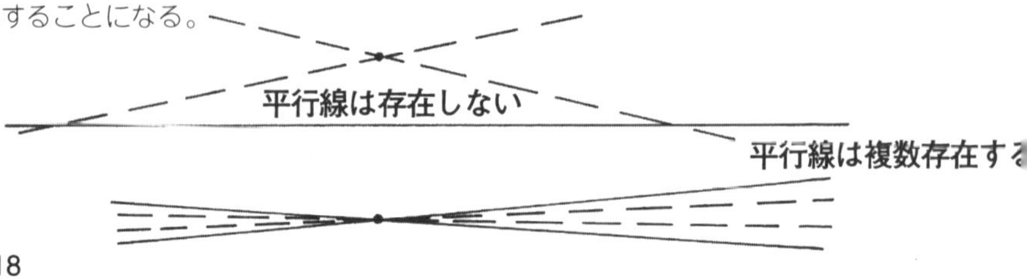

平行線は存在しない
平行線は複数存在す

最初に発見されたのは複数の平行線が存在する場合で、これは2人の数学者――ハンガリーの**ヤーノシュ・ボーヤイ**（1806年～60年）とロシアの**ニコライ・ロバチェフスキー**（1792年～1856年）――によってほぼ同時期に発見された。平行線が存在しない場合については、後にドイツの**ゲオルク・リーマン**（1826年～66年）が発見した。そしてわかったのは、これらの幾何学は特殊な面の上で成り立つということだった。

リーマンの幾何学が成立する良い例は球体で、その場合「線」は大円である。すなわち、球体の中心を通る面によって形成される球体表面上の曲線が線というわけである（84ページの球面三角法を参照）。どの二つの大円も2ヵ所で交わるため平行線は存在しないのである。

ロバチェフスキー

ボーヤイ

我々の幾何学で面を想像するのはそんなに簡単じゃない
それは、1本の直線を軸に曲線を回転させてできるトランペットのような形だ

ここでは、「線」を2点間の最短経路と考える。すると、与えられた直線に交わらない線、すなわち「平行線」が多数あることがわかる。

人びとが非ユークリッド幾何学の概念に慣れてくると、数学は論理的で信頼できる真実を我々に教えてくれるという信仰が揺らぎ始める。しかし、このような革命的な概念が人びとの脳裏に浸透するまでには長い時間を要した。

N次元の空間

幾何学には直観的に理解できない概念がもう一つあった。それは、3次元を超える高次元空間である。デカルトの代数幾何学を高次元に拡張するのは実に簡単だ。平面上に位置する点の座標は（x、y）だが、「超空間」では（x_1、x_2、x_3、…、x_n）となるだけである。もちろん、超空間での曲線の性質は2次元や3次元空間のそれとは大きく異なる。しかし、多次元を想像するのは、今の我々にとってはそれほど難しいことではないだろう。

「スター・トレック」では日常的だよ
超空間に行くことなんてね……
私は異次元からやってきた
2Dか、2Dでないか
作図で忙しいんだけど……

ビクトリア時代は今とは事情が違った。

社会批判の本としても名高い数学ファンタジーの傑作 Flatland（Edwin A. Abbott）（邦訳『多次元・平面国――ペチャンコ世界の住人たち』（東京図書、1992）。他にも『二次元の世界』（講談社ブルーバックス）があるが今は実質絶版）は多次元について書かれたものである。そこに描かれる世界は平面の世界で、人間は多角形である。平面世界の人びとは、ビクトリア時代の人びと同様、高い地位を得ることに懸命だ。そこでの地位は辺の数によって決まる。紳士は四つ、貴族は多数、労働者は三つ、女性は一つである。

主人公「正方形」は球と友達になり、3次元の世界を体験する。球という高次元の実体は500年に一度、平面世界に現れる。まず、点が現れ、徐々に成長し、次第に小さくなって、やがて消えていく。平面世界の人びとにとってどうしても理解できないことは、球が彼らの住む平面を通り抜けることだった。球は正方形と友達になり、彼を空間の旅へと誘い出す。球は正方形に「線世界」や「点世界」を案内する。これらの世界の住人の中には、極めて独り善がりな生き物がいた。正方形は平面世界の人びとの私生活も覗きみることができた。しかし、平面世界に戻った正方形はひどく苦しむ。友人に空間について説明するのだが、それを「実際に」示すことができないのである。友人たちは正方形はついに発狂したと思うのである。

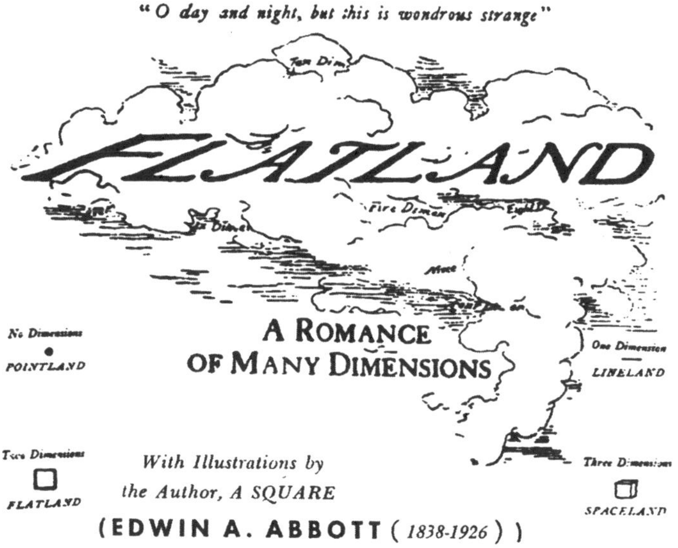
"O day and night, but this is wondrous strange"
FLATLAND
A ROMANCE
OF MANY DIMENSIONS
No Dimensions
POINTLAND
One Dimension
LINELAND
Two Dimensions
FLATLAND
Three Dimensions
SPACELAND
With Illustrations by
the Author, A SQUARE
(EDWIN A. ABBOTT (1838-1926))

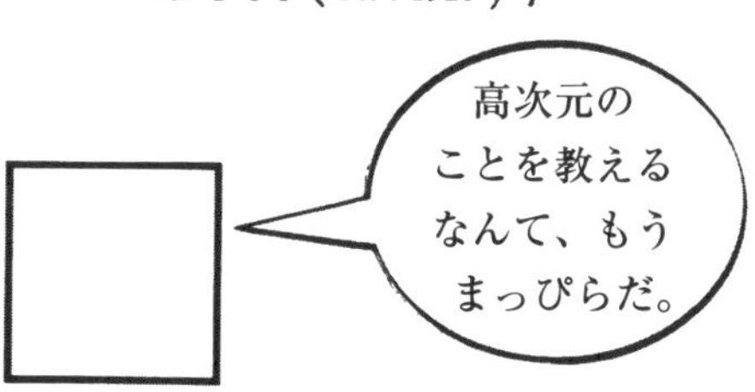
高次元のことを教えるなんて、もうまっぴらだ。

エヴァリスト・ガロア

19世紀を通じて代数学は大きく発展し、一般性と抽象性を高めていった。また、以前にもましてより一層形式主義が強まった。やがて、形式主義を数や算術演算だけでなく、もっと他のものにも応用しようという動きが台頭してくる。

このような代数学の発展に多大な貢献をしたのが、フランス人数学者、**エヴァリスト・ガロア**（1811年～32年）である。彼は紛れもなく、数学史に残る悲劇の主人公の１人でもある。政治的反動の時代の最中にあって、熱心な共和主義者であった彼は、国家エージェント、すなわち秘密工作員の魔の手にかかったといってもよいだろう。決闘者として名高い男の婚約者との恋愛沙汰を仕組まれた（訳注：これはあくまで説。決闘の理由は明らかではない）この不運な若者は、21歳という若さで命を落とす。死の前夜にしたためた遺書に、彼はアイデアのすべてを書き綴った。この原稿は破棄されたものと思われていたが、彼の死後15年ほどもたってから発見され、出版された。

ガロアが取り組んだのは、一般5次方程式 $x^5+\cdots=0$ を根号で解くという古くから数学者たちを悩ませ続けてきた問題である。彼の時代、その解の一般公式は得られないと考えられていたが、それを証明した人はいなかった。

それを証明しようとしたのが私だ。自分の議論を発展させるうちに、群という新しい概念を思いついたのだ
すごい先見の明！

群（むれ）

群とは元（要素）と結合法則とで定義された数学的構造のことである。数を使わない算術体系と考えていただければよいだろう。群の元は数えたり、測定したりする必要はなく、したがって通常感覚での「数」とは異なる。このような集合にも加算演算のような振る舞いをする演算手順があるはずだと思いついたのがガロアだった。

群の中で分けたいものがあるんだ……
脚が棒になったよ

その演算手順には次に挙げる幾つかの重要な性質がある。

1．どの二つの元も、演算により何らかの結果が得られる。（例）2＋2＝4
2．それを加算しても結果が演算された元になるような「単位」元が存在する。（例）2＋0＝2
3．どの元にも「逆元」が存在し、その元と逆元を演算させれば単位元になる。（例）2＋（−2）＝0

これが群と呼ばれるものなのよ
学校で「新しい数学」を学んだ人なら、よく知ってるわ
……

群の例として、a、b、c、dという四つ一組の物体を考える。これはガロア理論を簡単化したものである。

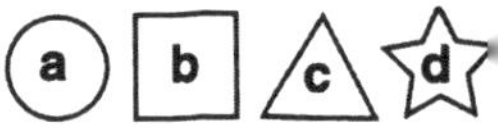
a
b
c
d

これらの物体自体は群の元ではない。群は、四つの物体を巡回させる操作方法全体である。一つずつ巡回させると四つの物体の並び方は、

b
c
d
a

となる（訳注：aからbに、bからcに、cからdに、そしてdからaに戻る）。

二つずつでは、

c
d
a
b

三つずつでは、

d
a
b
c

となる。

四つずつ巡回させると、ａｂｃｄだから最初に戻る。それが、単位元というものだ
だからって、わざわざサイクルに乗らなくても……
a
d

このような巡回方法をそれぞれA、B、C、Iとしよう。A＋Cは（一つずつ巡回）＋（三つずつ巡回）で、四つずつ巡回するのと同じ結果になる。つまり、これが単位元というものである。たかだか四つの元——三つの巡回方法と単位元——の「加算表」を作るのは簡単で、以下の通りである。

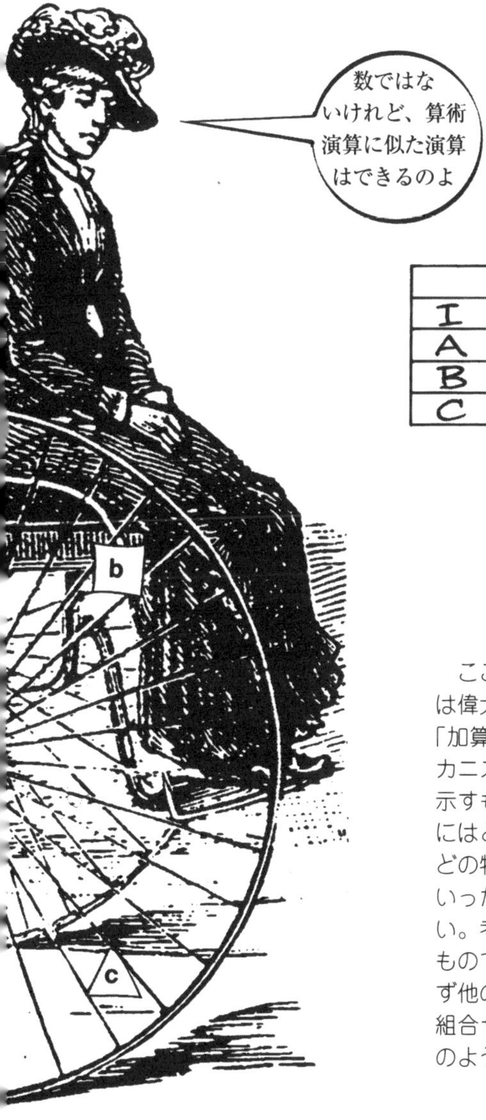
数ではないけれど、算術演算に似た演算はできるのよ
b
c

	I	A	B	C
I	I	A	B	C
A	A	B	C	I
B	B	C	I	A
C	C	I	A	B

ここに挙げた例は極めて単純だが、そこには偉大な概念が含まれている。つまりこれは、「加算表」によって定義された演算体系のメカニズムを追究するための重要な操作方法を示すものなのである。対象とする系が具体的にはどのようなものなのか——例えば運動などの物理的プロセス、あるいは方程式の解といった代数的なもの——は気にする必要はない。考察の対象となるのはあくまで演算そのものである。こういったことは「群」に限らず他の数学的構造についても言える。操作の組合せとしては、加算表だけでなく「積表」のようなものを考えてもよい。

ブール代数

やがて、全く新しい演算体系が出現する。その中で最も刺激的だったものの一つが、イギリスの数学者、**ジョージ・ブール**（1815年～64年）によって創始されたものである。これにより、数学的手法を論理的命題のような定量化できない実体に応用することが可能となった。

著書のタイトルはちょっと地味な『思考の法則』
演算には「結び」（結果として得られた集合の元はいずれかの集合に属する）と…
「交わり」（いずれの集合にも含まれる元の集合）がある
……できれば手術で体のどの部分も失いたくないのだが……

今にいう集合の代数学、すなわち「ブール代数」である。

（訳注：演算も手術もoperation）

ブール代数は複数のものから何かを選択するときに役立つんだ
インターネット検索で使ってるよね

例えば、「Hot　Cross　Buns（砂糖衣の十字つき菓子パン）」のレシピを探す場合、まず次のように入力する。

HOT　　CROSS　　BUNS

次にサーチエンジンが、

（キーワードのいずれかを含む）　のか　（キーワードのすべてを含む）

のかを尋ねてくる。「キーワードのいずれかを含む」を選択すると、検索結果にはHot、Cross、Bunsのいずれかを含むサイトが現れる。
ベン図では次のようになる。

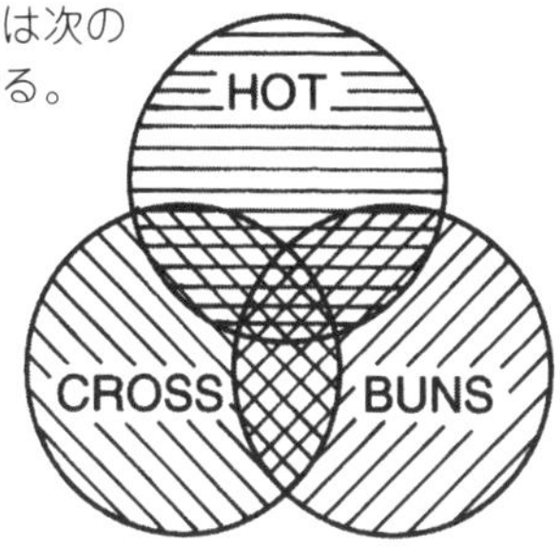

集合では｛Hot｝＋｛Cross｝＋｛Buns｝（訳注：習慣的には＋ではなく∪を用いる）と表わす。その結果、おもしろいサイトが多数抽出されるが、全く無関係なものも多く含まれている。

しかし、「Hot　Cross　Buns」を含むサイトだけが欲しい場合、「キーワードのすべてを含む」を選択すれば、HotとCrossとBunsのすべてを含むサイトだけが得られる。
ベン図では次のようになる。

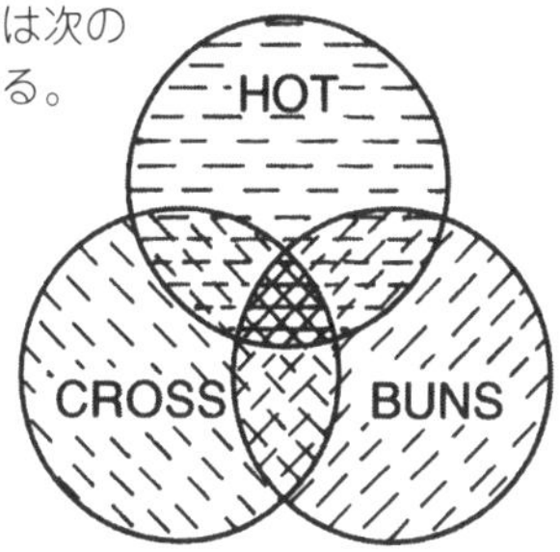

集合では｛Hot｝×｛Cross｝×｛Buns｝（訳注：習慣的には×ではなく∩を用いる）と表わす。したがって、Hot　Cross　Bunsを含むサイトだけが抽出される（訳注：3語がかけ離れているものも出ることがある）。

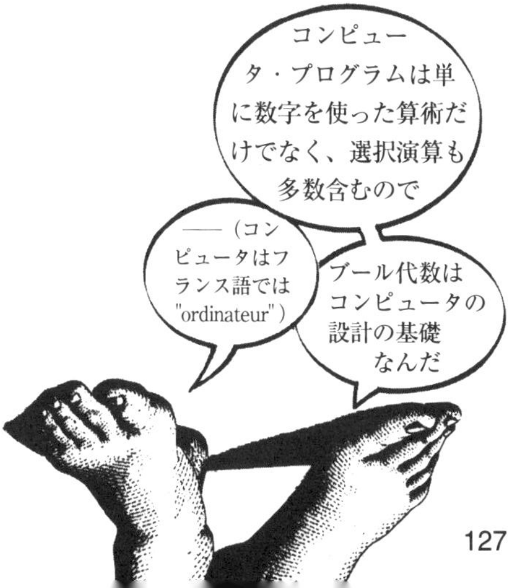
コンピュータ・プログラムは単に数字を使った算術だけでなく、選択演算も多数含むので
――（コンピュータはフランス語では"ordinateur"）
ブール代数はコンピュータの設計の基礎なんだ

ブール代数の「計算」は一種独特だ。普通の計算とは違って、二つの「分配」法則が成り立つ。

A×(B＋C)＝(A×B)＋(A×C) と A＋(B×C)＝(A＋B)×(A＋C)

普通の計算では最初の法則は成り立つが、後の法則は成り立たない。しかし、「×」が交わりで、「＋」が結びを意味する集合では、次のベン図が示すように両方とも成り立つ。まず、数の計算などで使われる「分配法則」を示すベン図を見てみよう。

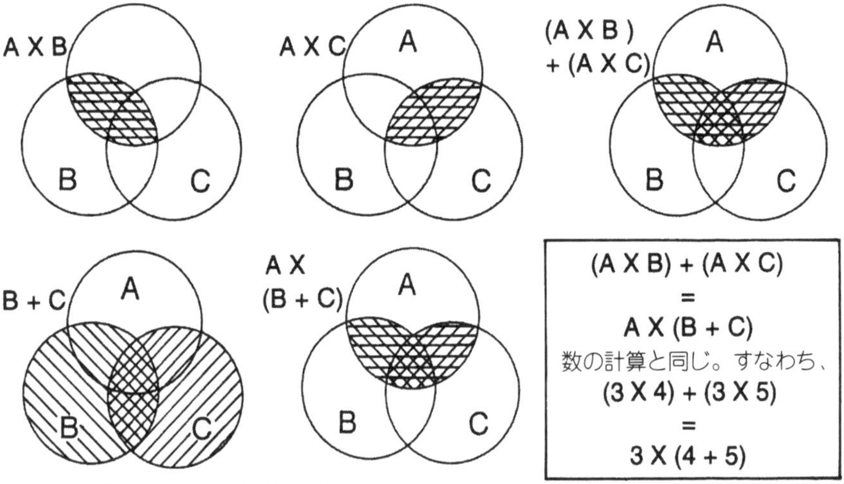

驚いたことに……

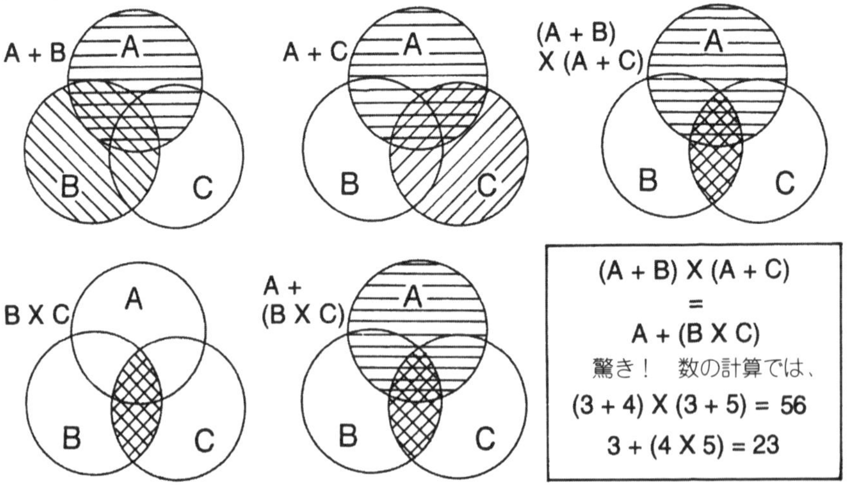

このような演算法則は、数学者たちの想像力を大いにかきたてた。そして、数学者たちが研究する「算術」は、我々の知る数の算術とは全く違ったものへと徐々に拡張されていったのである。

カントールと集合

数について思い悩む数学者もいれば、その一方では無限に関心を持つ数学者もいた。無限の世界をもつ集合は、それ以前は数学的にも神秘的にも憶測に任せられた存在だった。そのような無限概念の改革に乗り出したのが、ドイツの数学者、**ゲオルク・カントール**（1845年〜1918年）である。

私は無限集合の作り方を示し、その数え方の研究にも取り組んだのだ

彼は、分数を下に示したようなパターンに並べて、そのすべてを数える方法を発見した。

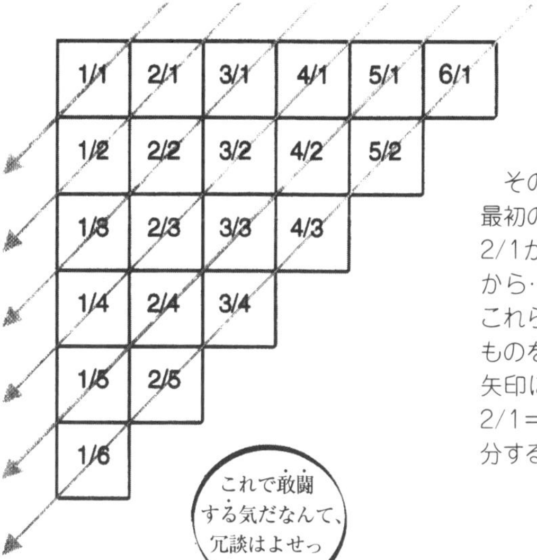
1/1 2/1 3/1 4/1 5/1 6/1
1/2 2/2 3/2 4/2 5/2
1/3 2/3 3/3 4/3
1/4 2/4 3/4
1/5 2/5
1/6

そのルールを示そう。矢印に注目すると、最初の矢印は一番左上のマスを進み、次は2/1から斜め左下に向かい、その次は3/1から……というように進むことがわかる。これらをすべて数え上げるには、重複したものを無視しながら（例えば、2/4＝1/2）、矢印に沿って足していけばよい。分数は、2/1＝2というふうに、最も簡単な形に約分する。

これで敢闘する気だなんて、冗談はよせって？

したがって、次の数列を得る。

1、2、1/2、3、1/3、4、3/2、2/3、1/4、5、…

これは、分子と分母の和が2、3、4、…になるすべての分数（整数を含む）を、各グループの最初に分子が最大のものが来るように並べたものであることがわかる（重複するものは除く）。整数の形になっているものもあるが、すべての分数は遅かれ早かれ必ず現れることになる。

これと同様に、$\sqrt{2}$ や$\sqrt{(-1)}$ のような代数方程式の解となる数も、そのすべてを数え上げることができる。

カントールの研究は、実際にはその意図とは全く反対のことを証明する結果となった。「実数」全体の集まり、すなわち、直線上の点の集合は、数えられないことを発見したのである。彼の証明はほんの数行で事足りるが、じっくりと見てみることにしよう。

まず、分数や代数的な数同様に、実数全体を数えられると仮定する。すると、分数のリストのように無限に長いリストが作れるはずである。分数の場合と同じく、リストの中の数は大きい順には現れない。

簡単のため、0と1の間のすべての実数について考える。各々の実数を無限小数展開によって表わすと、次のようなリストができあがる：

N_1 = .7166932.....
N_2 = .4225896.....
N_3 = .7796419.....
N_4 = .3228952.....
......

数は任意の数よ

各数の数字の列の最後に付記した「…」は、その数字の列が永遠に続くことを示している。

また、N_4 の後にある「…」は、Nもまた永遠に続くことを意味する。

さて、そのリストに0と1の間のすべての「実数」が含まれるとすれば、そのリストの中にある数字から作るどんな数もまたリストに含まれることになる
そうでなければ、実数全体がリストに含まれるわけではなくなるからね
CANTOR OIL

ところで、リストに含まれない数を作るにはどうすればよいだろうか。リストの最初に出てくる最初の数と異なり、2番目に出てくる2番目の数とも異なり、3番目の数とも4番目の数とも、そして何番目の数とも異なる数であればよいわけである。そのような数は、1桁目をリストにあるN_1の1桁目の数字＋1、2桁目をリストにあるN_2の2桁目の数字＋1、……とすることで簡単に得ることができる（訳注：厳密には、8、9に対しては例えば共に1とする）。

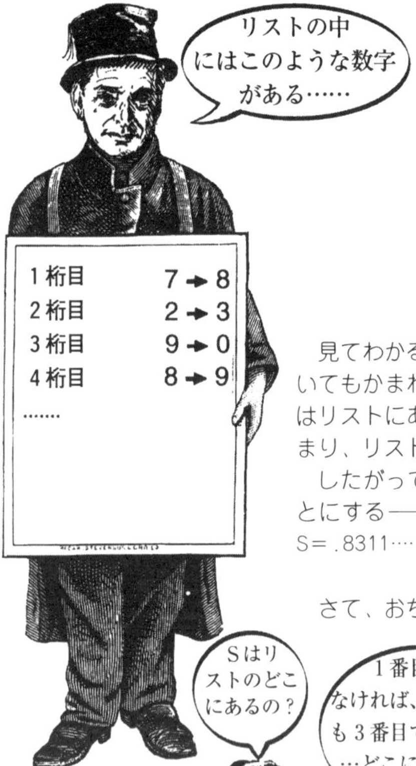
リストの中にはこのような数字がある……
1桁目 7→8
2桁目 2→3
3桁目 9→0
4桁目 8→9
....

見てわかるように、各桁の数字にはどんな数字を書いてもかまわない。いずれにしても、出来上がった数はリストにあるどんな数とも異なったものになる。つまり、リストに含まれない数字を作れたわけである。

したがって、新しい数──「ストレンジ」と呼ぶことにする──は、S＝.8309……（訳注：前注に従えばS＝.8311……）である（作成したリストに対して）。

さて、おちは……

Sはリストのどこにあるの？
1番目でもなければ、2番目でも3番目でもなく……どこにもない！
だから、実数全体は可算であるという仮説は誤りなの

カントールは二つのレベルの無限を研究していた。つまり、（普通の数のように）可算なものと直線上の点についてである。彼はこれら二つのレベルの無限の間にある関係を考察した結果、高次の無限を作り出すことに成功し、それを記述する方法を得たのである。「部分集合」という概念を使って説明しよう。三つの元 a、b、c をもつ集合があったとする。その部分集合は、ab、ac、bc、a、b、c、（約束により）「空」集合（元を持たない集合）と、全体の集合 a b c である。

abc　a　b　c　ab　ac　bc　（空）

部分集合の数は全部で八つ、つまり2^3個あることがわかる。この新しい集合を元の集合のベキ集合という。一般に、元の集合がN個の元を持っていれば、ベキ集合は 2^N 個の元を持つ。

カントールはベキ集合を次から次へと作るだけで、これまでよりも大きい集合を作り出すことに成功した。そして、これらの集合の大きさを示す新しい記号を作った。正確には、彼がユダヤ人だったこともあり、古いヘブライ文字の「アレフ」$\aleph$ を使用したといったほうがよいかもしれない。したがって、可算集合の大きさをアレフゼロ $\aleph_0$とすると、
そのベキ集合は
$2^{\aleph_0}$になる。

、最初の
算集合、つまり
上の実数の集合の
さは $\aleph_1$
る
$2^{\aleph_0}$が $\aleph_1$に等しいとする仮説は理屈にあうが、その仮説は何世紀も後になって数学者たちを苦しめることになるんだ
注：これが仮説なの
あって、右側の吹き出
が仮説なのではない）

不可能？

IMPOSSIBLE
無限の実体に思いを巡らせることは刺激的で驚きに満ちていたが、思いがけない落とし穴が待っていたんだ

というのは、「集合」について一般論を語るとき、「すべての集合の集合」に言及せざるを得なくなるからである。これは文法的には間違ってはいない。「すべての集合の集合」は最大の集合でなければならず、その大きさはあるアレフ数になるだろう。それを、ファイナル（final）のFを取って、$\aleph_F$と呼ぶことにする。他の集合と同様、これにも当然ベキ集合が存在し、その大きさは

$$2^{\aleph_F}$$

これは明らかに$\aleph_F$より大きい。つまり、最大の集合と定義した「すべての集合の集合」はさらに大きな集合を生み出すわけである。これは明らかに自己矛盾している。

これってまるで、最後の数は何かって聞かれて答えられなかった子どもたちの復讐劇みたい

数学の危機

カントールが発見した無限のパラドックスは、数学に新たな試練を与えることになる。これはもう、$\sqrt{-1}$ や dx/dt などの直観的なものを数学は受け付けない、という次元のものではなかった。それはむしろ、全くの自己矛盾だったのである。しかし、このような無限パラドックスは従来の数学パラドックスと同じ議論から生まれたものだった。

数学は
危機状態に
あった

20世紀初頭、多くの哲学者や数学者がこの危機の解決に乗り出した。彼らは問うた……。

数学は自ら
その基盤を崩壊させようとしているの？

ラッセルと数学的真理

数学の危機の解決に熱心だった１人が**バートランド・ラッセル**（1872年〜1970年）である。彼は、論理学、哲学、進歩主義教育ばかりでなく、果てには核兵器に反対する市民運動にも参加したという多彩な経歴の持ち主である。彼にとって、宗教はまやかしの世界でしかなく、数学こそが世界で唯一本物の真理を提供してくれるものだった。

我々は、カントールの分析の過ちを捜すため、論理的パラドックスの研究をした

論理的パラドックスは古代ギリシャの頃より知られていた。「すべての集合の集合」のように、「すべて」という言葉を使うことで矛盾を生み出すものもあれば……

自己言及によるものもあった。例えば……
……「この陳述は間違っている」という言葉
もしその言葉が本当なら、その陳述は間違いで……
嘘ならば、正しい

この種のパラドックスで最も巧妙なものは、名前のつけ方に関するものだ。まず、「B」を「the least integer not nameable in fewer than nineteen syllables」（19音節より少ない音節では書き表わすことのできない最小の整数）と定義する。通常、名前に19音節も必要なものといえば、むしろ大きな数になるのではないだろうか。「seven hundred thousand million billion」（700,000,000,000,000,000,000）ですら10音節しか必要としない。

しかし、この「B」の定義が18音節しかないということ自体が矛盾だ
(数えてごらん)
だから、「B」は19音節より少ない音節で書き表わせるんだ
ちょっと妙な名前だけど、気にしないで。これは単なる名前で、しかも自己矛盾した名前なんだ

このパラドックスは本当に危険である。なぜなら、そこには自己言及もなければ普遍性もないからだ。これは、論理的基盤なくして数学の確実性を確保しようとすることが、いかに難しいかを示している。

結局、論理的パラドックスで数学の危機を救おうという運動は断念された。他ならぬラッセル自身でさえやめてしまったのである。

こんな矛盾から抜け出すには、自己言及的な主張を禁止するしかないわね

でも、こんな「真っ当うな考え方」を禁じる法律を作るのは難しいわ……
だから、この種のパラドックスが他にも続々と現れたんだ

数学理論を純粋な形式主義、すなわち記号の集まりと見なし、その枠内でその無矛盾性を証明できるかどうかという議論が提起されたんだ
数学的真理を守ろうとする最後の試みの最中、また別の非難が起きたんだ
しかし、このプログラムはこれに参加した中で最も聡明な1人であった私、クルト・ゲーデルによって、すぐに間違いであることが証明された

「証明」とは変形規則により関連づけられた記号列の集まりと見なすことができる。そうすることで、証明が「正しい」かどうかの判断が簡単になり、いかなる数学的命題に対してもその真偽を決定できるようになる。

ゲーデルの定理

クルト・ゲーデル（1906年〜78年）は1931年、**A. N. ホワイトヘッド**（1861年
1947年）とラッセル共著の記号論理学について書かれた3巻におよぶPrincipia
thematica（1910年〜13年、『数学原理』）の矛盾を証明する定理を発表した。

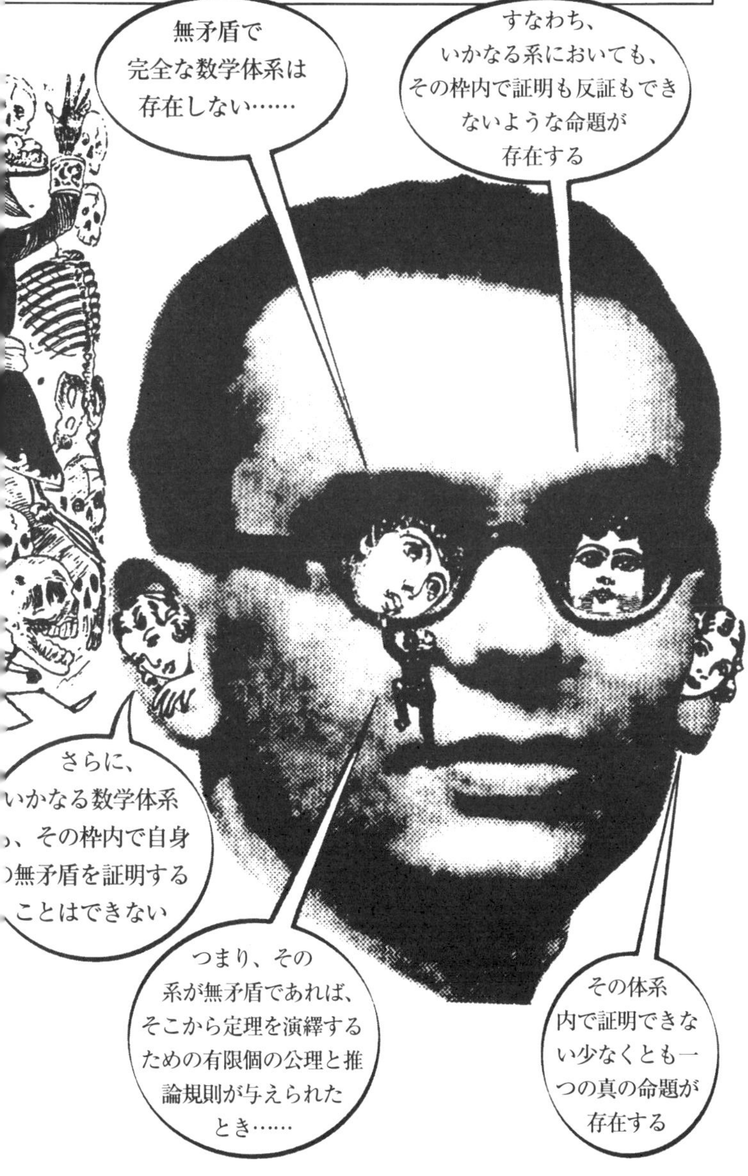
無矛盾で完全な数学体系は存在しない……
すなわち、いかなる系においても、その枠内で証明も反証もできないような命題が存在する
さらに、いかなる数学体系、その枠内で自身無矛盾を証明することはできない
つまり、その系が無矛盾であれば、そこから定理を演繹するための有限個の公理と推論規則が与えられたとき……
その体系内で証明できない少なくとも一つの真の命題が存在する

彼は数を新たな方法で使うという斬新な手法を採った。数学的言明の各部分に数を一対一で対応させ、それらの数を組み合わせてできた唯一無比の数をその言明の番号としたのである。そして、カントールの論法を応用した方法で、意味はあるものの、証明することも反証をあげることもできない言明を表わす「モンスター」数を作り出したのである。

ゲーデルの定理は、数学はすべてが論理的に結びついた真理の体系でありうるという夢を、打ち砕いてしまったのだ

チューリングマシン

ゲーデルによって数学に対する夢が崩壊したことで、新しい概念が生まれてきた。全く抽象的な方法で数学的命題を記述するというその概念は、**アラン・チューリング**（1912年～54年）によって提示された。

私の概念は、機械的な計算機とは全く異なるコンピュータの基礎となった

「チューリングマシン」はテープと、テープの連続する区画の各々の情報に対応するプログラムとで構成されたマシンである。初歩的な演算しかできなかったが、いずれにしても1930年代のテクノロジーでは、この概念を実用に応用することは不可能であっただろう。しかし、チューリングはこのマシンによって、自らの研究に必要だったゲーデルの理論に対する理解を深めることができたのである。

やがて、チューリングの概念は実用化されることになる。第二次世界大戦中、チューリングの概念を基礎にしたコンピュータの開発が行われた。最初に作られたのは巨大な計算機で、プログラムは外部から（ノブとスイッチを調節して）設定した。コンピュータが大きな進化を遂げたのは、プログラムを特殊ファイルの形でコンピュータに内蔵し、その他のファイルの演算を命令するようになってからだ。当時は、コンピュータの複雑さや適合性に関してはまだ何の規制もなかった。

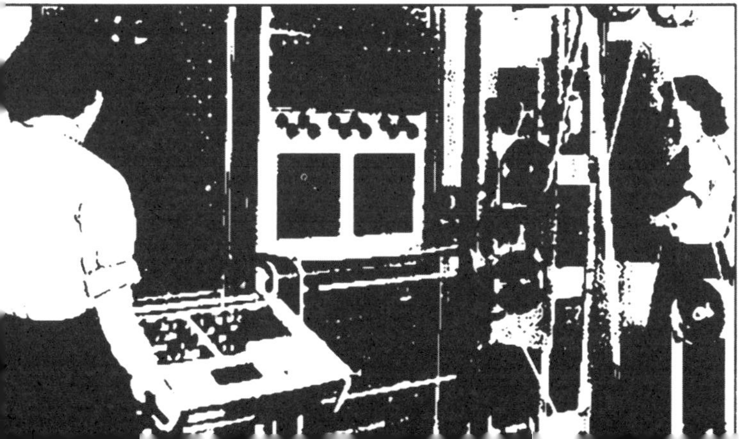

チューリング自身はドイツの「エニグマ」暗号作成機の暗号解読チームの一員として、英国の勝戦に貢献した。しかし、ホモセクシュアルとして迫害を受けた（そして、起訴された）結果、悲劇的な死を遂げる。シアン化物での服毒自殺（訳注：異説あり）である。死体の傍らには、一口かじった毒りんごが転がっていたという。

一方、チューリングの抽象的コンピュータは、将来的に混乱を招く可能性のあることがわかった。彼の考案した単純演算方法では、プログラミングエラーが発生する余地はなく、したがって「デバッグ」の必要はなかった。何十年にもわたり、コンピュータは絶対に間違いを犯さないもの、という神話が続いた。間違いはすべて人間によるものだと考えられたのである。「2000年問題」が発覚した今になって初めて、コンピュータ理論とコンピュータ・プログラムの抽象的かつ形式主義的体系が絶対的真理ではなく、人間の作り出した産物に過ぎないことに、我々は気づいたのである。

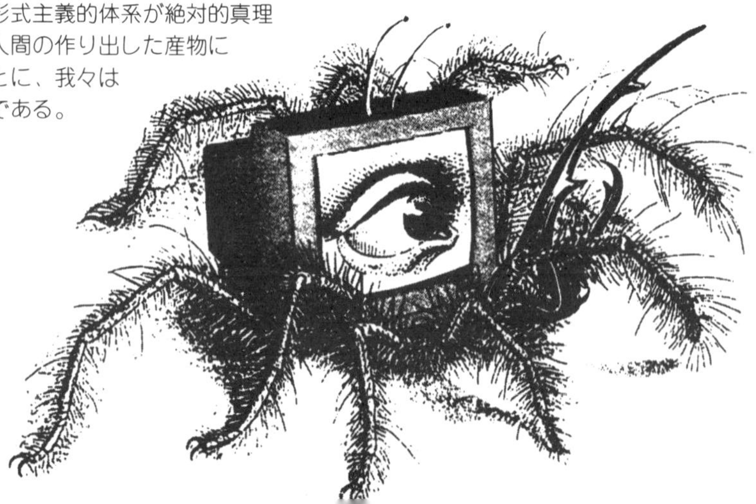

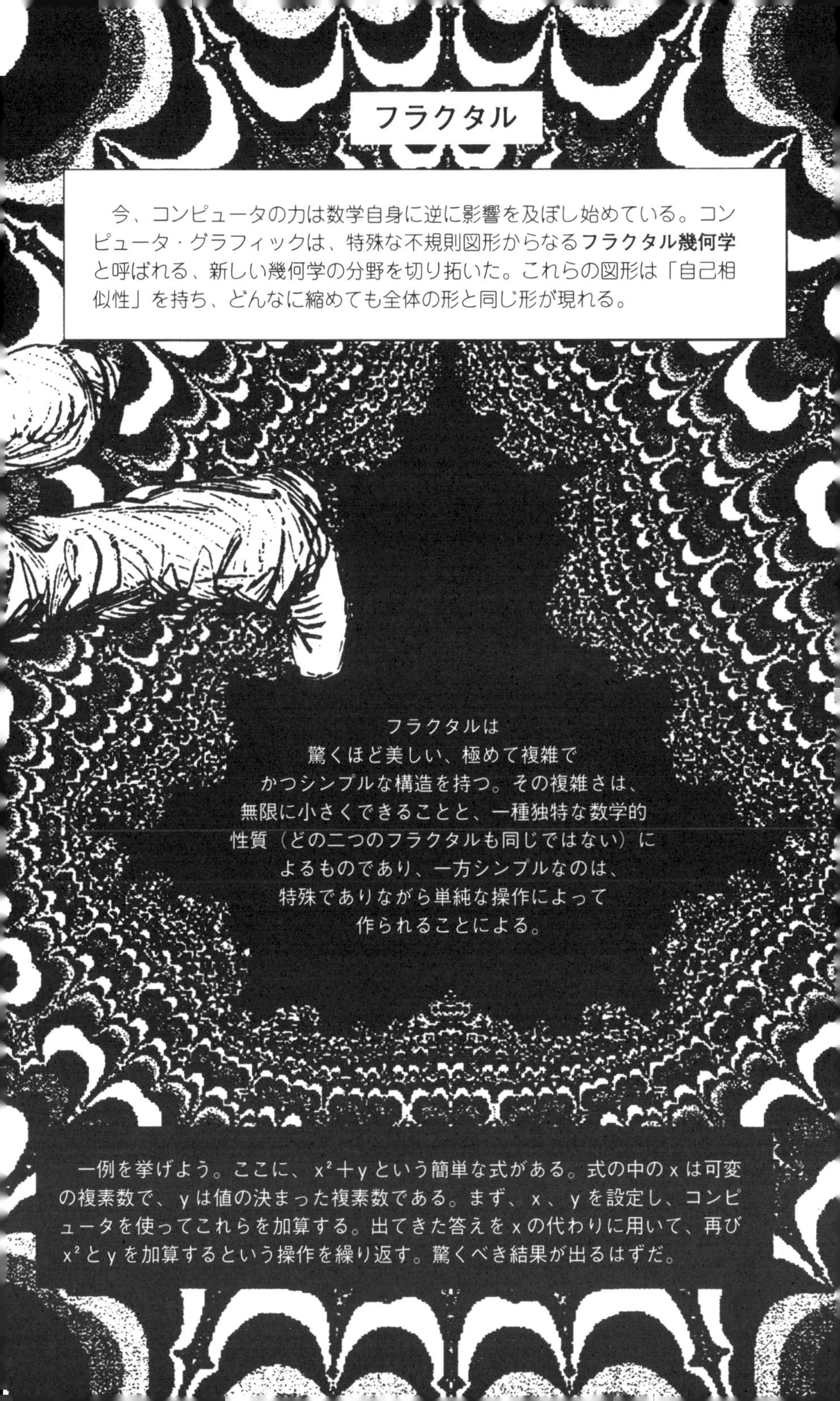

フラクタル

今、コンピュータの力は数学自身に逆に影響を及ぼし始めている。コンピュータ・グラフィックは、特殊な不規則図形からなる**フラクタル幾何学**と呼ばれる、新しい幾何学の分野を切り拓いた。これらの図形は「自己相似性」を持ち、どんなに縮めても全体の形と同じ形が現れる。

フラクタルは
驚くほど美しい、極めて複雑で
かつシンプルな構造を持つ。その複雑さは、
無限に小さくできることと、一種独特な数学的
性質（どの二つのフラクタルも同じではない）に
よるものであり、一方シンプルなのは、
特殊でありながら単純な操作によって
作られることによる。

一例を挙げよう。ここに、x^2+yという簡単な式がある。式の中のxは可変の複素数で、yは値の決まった複素数である。まず、x、yを設定し、コンピュータを使ってこれらを加算する。出てきた答えをxの代わりに用いて、再びx^2とyを加算するという操作を繰り返す。驚くべき結果が出るはずだ。

ポーランド生まれのフランス人数学者、ブノア・マンデルブロ（1924年）は、
無限を考える方法としてフラクタルを提唱した。

143ページに出てきた「マンデルブロ集合」と呼ばれる有名なフラクタルは私の名前に由来する

今日、フラクタルは乱流、地震分布、都市の発展といった複雑な現象の研究に使われている。
また、フラクタル幾何学はカオス理論という新たな数学分野を生み出した。

カオス理論

世の中には、乱雑ではなく、したがって微分方程式で記述できながらも、予想不可能な現象が存在する。このような「カオス」を解明するための理論がカオス理論である。カオスが予想不可能なのは、初期条件のわずかな変化でその解のふるまいに大きな変化が生じるためだ。この性質を表わす最も代表的なもの（実際には、誇張）は……

蝶が羽をはためかせると嵐の進路が変わる、というもの

カオス的ふるまいは、系のフラクタル的性質と密接な関係がある。それは「自己相似性」を持つため、そのふるまいを記述する規模を変えれば、ふるまいにも同じ変化が生じる。株価の変動といったランダムな現象は、明らかに自己相似性を持っている。したがって、保有株のポートフォリオの管理にカオス理論が使えるというわけだ。

カオス理論が私たちの数学理解に最も貢献した点は、不明なことがあっても不思議じゃないってことがわかったことじゃないかしら
つまり、カオス理論は数学者に対して、細部を知ることは不可能だっていう問題を提起したってわけね
20世紀初頭、無限のパラドックスが発見されて数学の確実性が初めて崩れたとき、数学の「基盤が崩壊するかもしれないという危機」感みたいなものがあったわ
でも今回は進歩なのよね。つまり、数学とは一体何なのかという認識は常に変化し続けるってことを示しているのよ

トポロジー（位相幾何学）

コンピュータの力は今また新たな、そしてさらに重大な影響を数学に及ぼしている。コンピュータの開発により、人間の脳だけでは証明できなかったであろうことが立証されているのだ。最近の最も有名なケースは、トポロジーの分野で起こった。トポロジーとは、構造の間の関係を、その形とは無関係に研究する学問のことである。記述するのは簡単ではあっても、解くのが難しい数学分野といえるだろう。

トポロジーの問題の中で最も難しいのが「四色定理」で、いかなる地図も4色で塗り分け可能であることを証明する問題である。共通の境界を含む二つの国は異なった色にしなければならないというルールがある（点で接している場合は例外。そうでなければ、「地図」は円グラフを好きなだけ分割したようなものになって、分割した数だけの色が必要になる）。また、制限も一つあり、各「国」はひと続きの土地でなければならず、他の国の中に「島」状の領土があってはならない（例えば、イタリア国境に近いスイスのルガノ）。

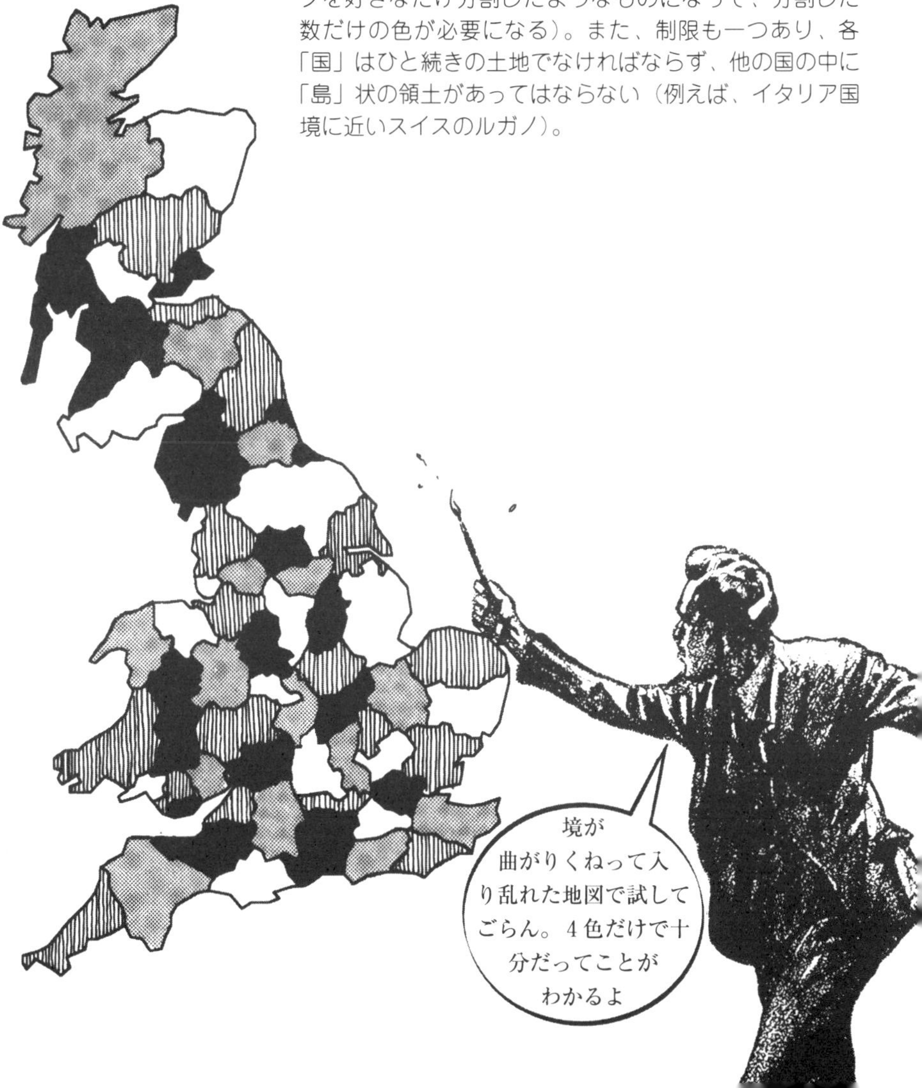
境が
曲がりくねって入
り乱れた地図で試して
ごらん。４色だけで十
分だってことが
わかるよ

数学者は四色問題を追究するにつれ、「地球」の形が問題だってことを発見するんだ
トーラス（ドーナツ形）では、5色で十分ということが比較的簡単に証明できた
だが、球や平面は手に負えなかった

この問題は1976年にようやく証明された。しかし、その証明には1000以上のケースを詳細に調べる必要があり、それは人間の能力をはるかに超えていた。そこで、これらの特殊な場合を一つずつテストするために、コンピュータ・プログラムが組まれた。おかげで、望む結果が得られたというわけである。

しかし、数学者の中にはコンピュータの助けを借りたその証明は、誰にでも確認できるものではないと拒否する者もいた。というのは、コンピュータ・プログラムは論理的なつながりのある記述を並べたものではなく、命令の集まりだからである。しかも、その特殊なプログラムが（他のプログラムとは違って）デバッグされた完璧なものだったという確証もない。結局、不満は残しながらも一応のコンセンサスが得られ、その証明は今では「有効」であると受け止められている。

整数論

トポロジーの問題同様、整数論の問題もまた記述するのは易しく、証明が難しい問題といえる。

例えば、4以上の全ての偶数は二つの素数の和で表わすことができるという「定理」があるとしよう
やってみるわ
4 = 2 + 2,
6 = 3 + 3,
8 = 5 + 3,
16 = 11 + 5
そうそう、その調子

この定理をすべての偶数について証明するのは非常に困難である。実際、数学者たちは長い間この問題に取り組んできた。証明に初めて成功したのは「ゴールドバッハの予想」と呼ばれているもので、これにより400,000個以上の素数は必要のないことが示された。

ホームズさん、主要容疑者はすべて検挙しました
訳注：「主要」も「素(数)」もprime)
では、1人ずつ見せてもらおうか、巡査部長

整数論の中で最も有名な定理は、**ピエール・ド・フェルマー**（1601年～65年）の定理である。

この定理は、最も古い数学関係式の一つである「ピタゴラスの定理」を熟考した結果生み出されたもので、次の方程式の解が「無限」個存在することを示している

$a^2+b^2=c^2$

この式で、a、b、cはいずれも整数である。このような三つの組数を作り出すことは何世紀も前から行われていた。

イスラムの数学者たちがさらに高次数の関係について考えていたことは、すでに述べた。彼らの中には、次の方程式を満たす整数は存在しないことを証明しようとした者もいた。

$x^3+y^3=z^3$

しかし、ピエール・フェルマーはこれを証明できたと思っていた。なぜなら、彼は……

$x^n+y^n=z^n$

において、nが2より大きいとき、この方程式を満たす整数解は存在しないことを証明できたと信じて疑わなかったからである。

実際、彼は友人に宛てた手紙で、簡単な証明を披露している。しかし、これは手紙の余白で足りるほど単純なものではなかった。やがて、この問題に対する追究が始まり、3世紀を経た最近になってようやく証明された。証明したのは、プリンストン大学で数学を教えるイギリスの数学者、**アンドリュー・ワイルズ**（1953年生）である。

証明には難解な数学が必要で、何千行にもわたった。そのうちの数百行は計算や論理的関係を示すものだ

これにより、コンピュータにはできなくても人間の脳で可能なことがまだ存在する、ということが証明されたわけである。

整数論は従来から最も応用されることの少ない数学分野の一つである。しかし、新しい分野が開拓されるにつれ、それらは思いもよらなかった方法で相互作用を及ぼすようになった。

暗号作成
解読科学は従来は軍人とスパイにしか関心が持たれなかったんだ

しかし、暗号科学はここにきてにわかに商業、技術、および政治的重要性を帯びてきた。インターネット上を行き来するメッセージの秘密保護は、いかに解読されにくい暗号を作成するかがカギとなっているからである。

Internet
どうにかしなきゃいかんな

最も解読されにくい暗号を作成するには、その構造が計算では容易に解明されにくい非常に大きな数を使うことである。そのような数を決め、それを符号化・復元化するために必要なのが、整数論と群論である。こうして、最も抽象的な数学分野であった整数論と群論は今、実用の最先端に躍り出たというわけである。政府は犯罪者やテロリストがやりとりするメッセージの傍受と解読に力を入れているため、暗号技術は今や政治色をも帯びるようになった。

統計学

数学が一般市民の生活に最も深い関わりをもつのが統計学である。統計学という言葉は「治国策」を意味する。つまり、国で起きていることに関する情報があれば、もっとうまく国を統治できたであろうことを政府が認識したときに必要になった学問、というのがそもそもの始まりである。しかし、莫大な量の数字をただ集めるだけでは不十分だ。集められた数字は統合・分析し、使えるようにまとめなければ意味がないのである。

そのために「平均値」など様々な統計基準値が使われる。しかし、そのような数字は集められた数字の代表値でしかない。つまり、ある意味では全体像を明確に表わすものではあっても、別の意味では全体像を隠蔽しわかりにくくすることもあるということだ。

統計学はどのように使われるのだろうか。ある村を例に説明しよう。その村の住人は、

年収わずか100ドルの小作民　100件

年収が1,000ドルの農民　10件

年収10,000ドルの地主　1件

「平均」年収は大部分の村人の年収の3倍近くになる

村の総収入は30,000ドルになり、これを111で割ると1件当たりの平均年収は270ドルとなる。

今度は、「中央値（メジアン）」（50％の人がこの値以上の収入を得る）、あるいは「最頻値（モード）」（大部分の人が得る収入）を考えてみよう。この場合、いずれの値も100ドルになり、裕福な人は無視されている。収入分布をさらによく理解するために、最小および最大「十分位数」（10％および90％レベル）を取ってみることにする。例えば、90％十分位数は最高から11番目の世帯の収入となるので、中間所得層の収入となる。

しかし、これほどの工夫を凝らしても、これらの統計値のいずれにも、村人に種を売り、その収穫物を買い取る多国籍アグリビジネス企業、すなわち地主は含まれていない。
統計は手強いぞ〜
基準線も目盛りもないグラフに、寸法が50％増えれば容積が4倍に増えるって印象を与える絵ですって？　そんなのインチキよ
しかし、だからといって統計学のすべてが偏見や気まぐれ、腐敗の産物ではないのだよ

この最後の例からは、完全に客観的で中立な統計的代表値はないのだということを思い知らされる。実際、統計で人を騙すのはたやすいことである。

有意水準と外れ値

有意性を調べる統計検定で必ず登場するのが「有意水準」あるいは「危険率」と呼ばれる数字である。通常、5%もしくは1%（あるいは逆に信頼度95%、99%）に設定されるが、これ以外の数値が使われる場合もある。

簡単に言えば、これは検定の確かさを意味するもので、数値は、実際には正しいのに間違っているという結果を試験が導き出す確率（20分の1や100分の1）を表わしている。いかなる検定でも、結果が完璧ということはありえない。高い信頼性を要求すれば、試験のコストは上がる。したがって、特定の分野で標準を設定しようとする場合、起こりうる各種誤差に対する許容リスクというものを決定しておく必要がある。

典型例を挙げよう。りんごのサンプリングでは、たった1個の腐ったりんごがサンプリングされたために、一樽すべてがダメだと判断されることがあるし……
反対に銃砲については、一つの不良導火線がサンプリングされなかったために積荷が全滅してしまうことだってある……

上記の誤りを生み出す確率を抑えるのが有意水準の本来の目的であるが、問題もある。厳密な有意水準を採用することで、「誤りは減らせる」ものの、同時に「感度」も落ちるのである。ある環境汚染物質の有毒性を、無害だという（帰無）仮説を立てて小さい（例えば１％）有意水準で検定するといった場合、誤った警告に振り回される心配はなくなるが、危険に気づかずについ安心してしまうことにもなる。

したがって、一見「客観的」な統計的有意差検定も、「立証責任」を暗に負っているわけである。先の例で言えば、その汚染物質は危険であることがはっきり証明されるまでは安全だと考えてもよいのか、あるいは「早めに警告」を出す方がよいのか、ということになる。いずれの場合にも、そこには「予防原理」が働いている。どちらの側に立った予防措置なのかという問題は当然問われなければならないだろう。

統計学の最も簡単な応用として、実験データのグラフ化が挙げられるが、このような場合でも数値の真偽性を判断することは不可欠である。すべての数値が、回帰直線に近接するとは限らない。現実に、もしすべての数値がほぼ一直線上に並んだとすれば、そのデータは捏造された可能性すらある。数値の中には、分布から大きく外れたものもあるだろう。これを「外れ値」という。計算に外れ値が含まれれば、結果に大きな誤差が生じる可能性がある。しかし、それらを全く無視してしまえば、そのデータを不良と判断することになり、貴重で決定的な情報を逃してしまう危険性さえあるのだ。

南極大陸上空の「オゾンホール」については、最初の証拠データは数年間にわたって見逃されていた。後でわかったのは、コンピュータの統計プログラムがそのデータを外れ値と見なし、自動的にふるい落としていた、ということだった

確率

統計データの処理は主に確率論に基づいて行われる。確率論には三つの全く異なる概念が含まれているが、これらの概念はしばしば混同される。

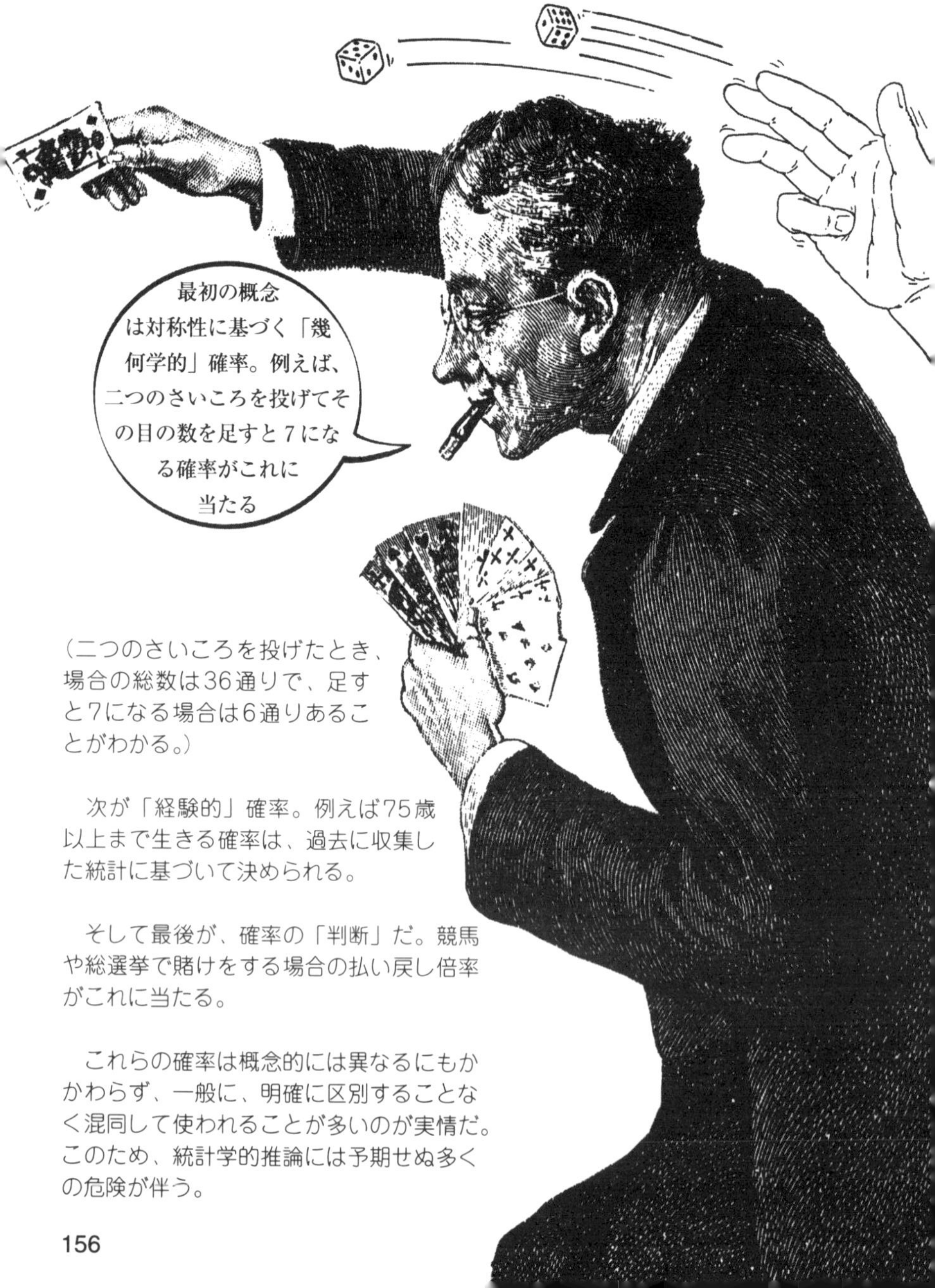
最初の概念は対称性に基づく「幾何学的」確率。例えば、二つのさいころを投げてその目の数を足すと7になる確率がこれに当たる

（二つのさいころを投げたとき、場合の総数は36通りで、足すと7になる場合は6通りあることがわかる。）

次が「経験的」確率。例えば75歳以上まで生きる確率は、過去に収集した統計に基づいて決められる。

そして最後が、確率の「判断」だ。競馬や総選挙で賭けをする場合の払い戻し倍率がこれに当たる。

これらの確率は概念的には異なるにもかかわらず、一般に、明確に区別することなく混同して使われることが多いのが実情だ。このため、統計学的推論には予期せぬ多くの危険が伴う。

ある人が友人に話をしている。
このコインって偏ってるの。投げるたびに表がでるんだから
何回やってみたの？

一回
それはおかしいわ。一回しか試さなければその結果が「すべて」じゃない

それでもう一度投げてみせて、表がでることを示す。
ね、言ったでしょ？
いいえ、これは単なる偶然よ。偶然なんてよくあるわ。もっと投げてみなきゃ

いいわ。で、あと何回続けて表が出れば、このコインが偏ってるって言えるの？

そこで友人ははたと困ってしまう。偏りのないコインでは表と裏が同じ幾何学的確率で起こることを彼女は知っている。だから、「何回も投げてみれば」偏りのないコインは結果的には表と裏が同じ数だけ出ることもわかっている。これは経験的に確かめられることである。しかし、このような二つの一般的事実から、特定のコインに偏りがあるかどうかを判断するとなると、話は全く違ってくる。

特定のコインに偏りがあるかどうかを判断するには、確率・統計という数学的理論が必要になる。誤差を見積もり、最終判断に対する有意水準を設定したうえで、コイン投げ実験を行い、得られた実験結果と設定した値とに基づいてこそ初めて、コインが偏っているかどうかを判断できるのである。コイン投げはその本質が明らかになるや、実は極めて難しい問題であることがわかった。命題を直接的な形で書いたものは単なる確率の記述（「偏りのないコインの表と裏が出る確率は同じ」）に過ぎないが、その逆の形（「コインは偏っているか？」）になると、統計学に裏づけられた判断が必要になるのである。

統計についての議論が因果関係に巻き込まれると、落とし穴はいたるところにある。これから紹介するのは、飛行機を使って旅行しないある男の話である……。

テロリストによって飛行機に爆弾が仕掛けられる100万分の１の確率の巻き添えになるのはご免だ
PSYCHIATRIST
でも、最近はよく飛行機に乗ってるけど、どうして？
ある統計学者によれば、一つの飛行機に二つの爆弾が仕掛けられる確率は1兆分の１らしい
だから1つ目の爆弾を私が持ち歩いているんだ
正気なの、チャーリー？
この話の結末は……
あなたの間違いは、自分で爆弾を持ち歩いてもテロリストの意思には影響を与えないってことを考えなかったことよ。だから、最初の爆弾が機上にあるとき、二つ目の爆弾が持ち込まれる確率は、前と同じ100万分の１なのよ

不確実性

政策決定者あるいは一般社会に対して数字を提示しなければならない人は、大変なジレンマに陥る。特定の数字を示しても、それが不確実さを含むものであることを説明すれば、想像を絶するほどの混乱を招く。かといって、単に安全性（通常、100万分の1）を示す「魔法の数」を提示するだけでは、今度は誤解を生じると非難される。

我々専門家は発ガン性物質が人びとの生命に危険を及ぼす確率が「10万分の1から1000万分の1（95%の信頼度で）」であることを知りたいんだ
でも、私たち一般市民は、それが「安全」なのか、もし安全でなければどんな注意が必要なのかを知りたいの
だから、科学的結果を伝えるのは、簡単で「客観的」どころの話ではないんだ

数学が社会に対して抱える大きな問題は、不確実性をどう扱うべきかということである。自然科学の発達は不明なことを減らし、不確実性をなくすものだと、人びとは長い間信じてきた。そして、残された問題は確率論で解決できると考えられてきたのだ。

でも、今また不確実性は主役に躍り出たのよ
不確実なことが起こる確率は？
よく、わからない

不確実性は数学をその基盤からゆさぶり、「量子論」に至ってはその中核をなす存在にすらなっている。

そして今我々は、工業文明が自然環境に及ぼす予測不可能なほどに複雑な影響に直面し、不確実性はこれまでかつてないほどの注目を浴びている。数学の新分野で人気のあるのが「カタストロフィー」や「カオス」というのもうなずける話だ。数学とは一体何なのかを考えるとき、不確実性を含むべきか否かについて、もはや疑問を差し挟む余地などない。

政策のための数

数字は計数と計算のために作り出されたツールと我々は理解しているが、政策立案で使われる数字に関しては、この理解が常に通用するとは言えない。数字を政策立案で使う場合、別の概念とスキルが必要となる。数学は厳密で真実を表わすもの、という数学に対する伝統的な考え方があるため、不確実性が政策立案のための数字の一部を成すといわれてもなかなか理解できるものではない。メディアや公的文書の中で使われる数字は「厳密さ」というベールをまとうことで、その中にある不確実性を覆い隠している。結局、量が2桁の数、例えば47、と表わされていれば、それは46でも48でもなくきっかり47で、およそ98%正確な数字ということなのである。

それは悪魔の仕業だ

もし「47」があらゆるデータ、あらゆる解釈を基に計算された「安全限界」だとすれば、その数字が本当に98%正確である確率はどれくらい？
数字があまりに厳密すぎると混乱と誤解を招き、それが実際に使われたとき、使う人も提供した人も被害を受けることになる
A
A
B

政策立案における数字の重要性は、使われる状況に依存する。このことを極めてよく示す例が聖書の会話の中に出てくる。「創世紀」第18章に、アブラハムと主がソドムとゴモラの町を前に会話をしているシーンがある。主が言う……。

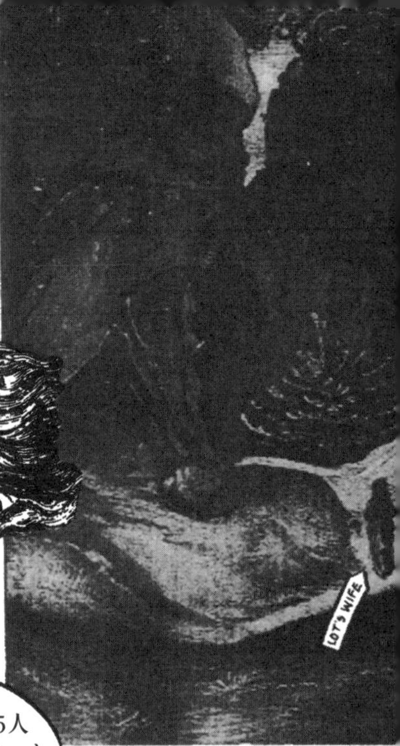

彼らの罪深き行いのため、私は町を滅ぼし尽くそう
主に申し上げます。50人の正しい者を見つけることができたなら、町を赦してください

そこでアブラハムは言う……

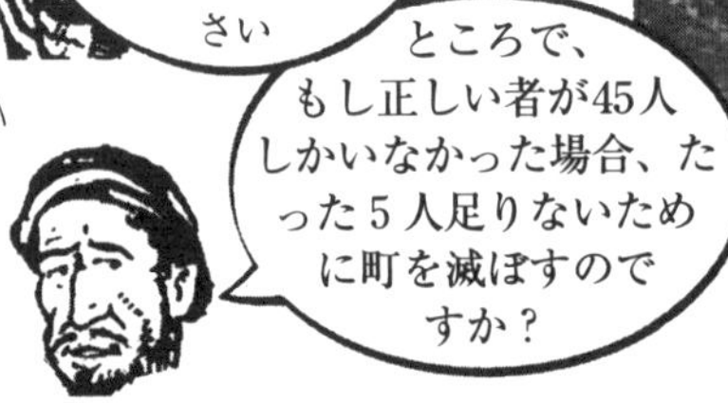

ところで、もし正しい者が45人しかいなかった場合、たった5人足りないために町を滅ぼすのですか？

アブラハムは議論のレベルをさらに上げる。ここでの議論の対象となっているのは、もはや**政策**（何人かの正しい者が見つかれば町を救う）ではなく、**手段**（もし決めた数より若干少ない場合はどうなるか）である。この状況では、50は文字通り50を意味する数ではなく、ある程度の「幅」を内包した政策立案のための数なのである。つまり、アブラハムは45はその幅の範囲内にあると主張したわけである。（もちろん、5人不足しているという理由で主はその町を破壊したりはしないだろう。この状況では、たかだか5人の不足など問題とはならないだろうからな。）そしてアブラハムのもくろみ通り、主は譲歩したのである。そして、その町を破壊することに反対するアブラハムの巧妙さを見抜いてか、主はすぐにその数を10人にまで減らすことを許した。賢明なアブラハムはそれ以上駆け引きすることはなかった。

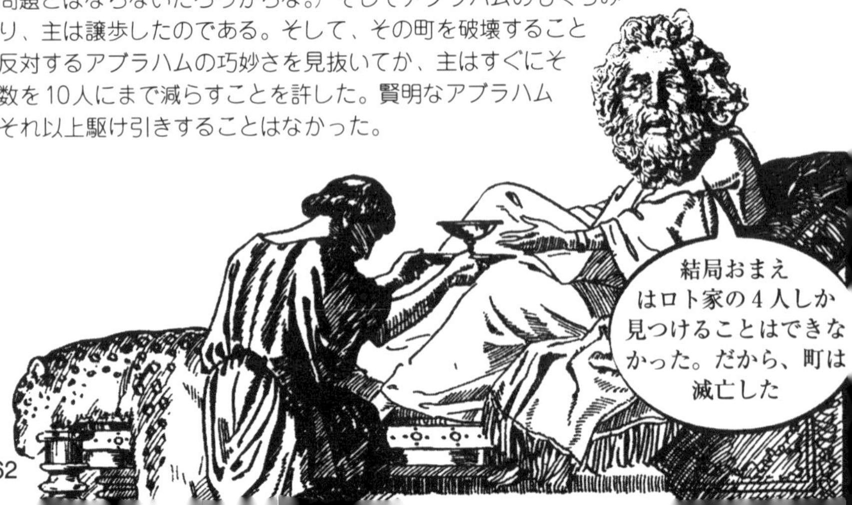

結局おまえはロト家の4人しか見つけることはできなかった。だから、町は滅亡した

「ソドムの町を救う」というこの話は、議論では数字が全く別の意味を持つことを示している。「50」は推定値で、5あるいは45はその幅だということがわかる。45と50の違いはその状況による。すなわち、違いが重要な場合（違いが幅の範囲外）もあれば、そうでない場合もあるということだ。いま挙げた例は、「政策のための数」と呼ばれるものについての一例ではあるが、状況に依存するという点においては、全ての推定値と標準値にも当てはまる。

同じような現象は「合鍵作りのパラドックス」の中でも見ることができる。鍵を作る場合、ある者が錠に合う新しい鍵を作り、その他の者は次々と合鍵を作る。鍵は合鍵を作る都度、「正確」（機械の許容誤差の範囲内）にできるが、何度も合鍵作りを重ねていけばやがては錠に合わなくなる。合鍵を作る機械の許容誤差が蓄積され、何回も合鍵作りを重ねた鍵が錠と鍵のマッチングする許容誤差の範囲を超えてしまうからだ。決定的な寸法に関しては（測定の場合）、A＝B＝C＝、…、＝Kという関係が成り立つ。しかし、AとKは同じではない。通常の算術演算ではこのようなことは起こりえない。これは、推定や測定における数字は特別な状況においてのみ意味を持ち、単純な計数の場合とは違うということを示している。

数学とヨーロッパ中心主義

ヨーロッパの数学はヨーロッパが自己意識——ヨーロッパ文化が最も偉大な文化であり、唯一本物の世界文化であるという認識——に達する過程で重要な役割を果たした。数学を絶対的かつ客観的なものであると信じている人にとっては、数学と帝国主義がかつて手を結んだことがあったなど信じられないことだろう。しかし、非西洋文化が西洋文化より「劣っている」ことを証明するための重要な道具として数学が利用されたことは紛れもない事実である。

ヨーロッパは
三つの戦略を使って、数
学にヨーロッパ中心主義
を浸透させたんだ

1．ヨーロッパは非西洋文化の数学に対する貢献を隠すと共に、その手柄を横取りした。つまり、「ギリシャの奇跡」以前には数学など存在せず、ギリシャの奇跡から16世紀の「ヨーロッパの復興」までの間にも数学は全く存在しなかったというわけだ。これがヨーロッパ中心主義の典型的なアプローチの方法である。

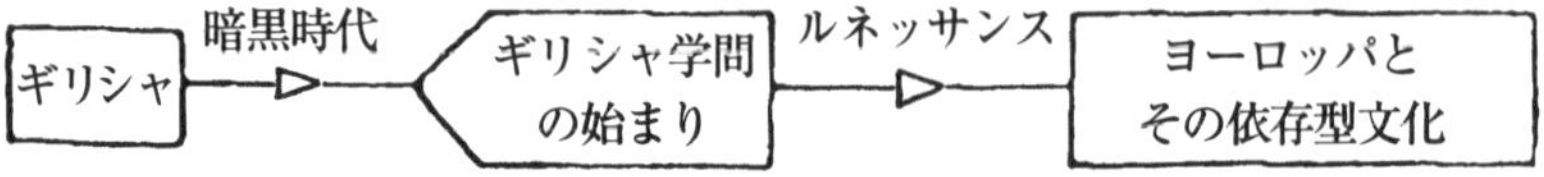
ギリシャ
暗黒時代
ギリシャ学問
の始まり
ルネッサンス
ヨーロッパと
その依存型文化

2. ヨーロッパは数学を特定の方法で定義し、他文明の数学に対する貢献の多くは「本当の数学ではない」と主張した。非ヨーロッパの数学的伝統は全くの経験主義、実利目的に基づくものである、したがって本当の純理論数学ではない、と喧伝したのである。

でも、純理論数学というギリシャ人の遺産を保存し、それを正しい後継者、つまりルネッサンス時代のヨーロッパの数学者たちに伝えたのは、寛容なアラブ人だったのよ
だから今でも、数学は世界中で帝国主義イデオロギーの言葉で教えられているの

ヨーロッパ中心主義の「ベルトコンベヤー」理論。

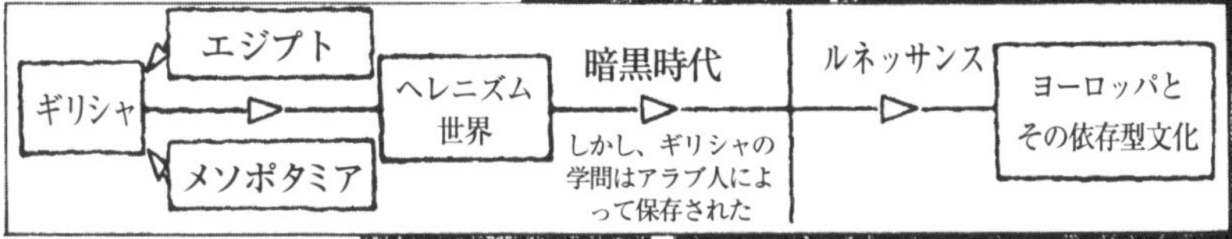

ギリシャ
エジプト
メソポタミア
ヘレニズム世界
暗黒時代
しかし、ギリシャの学問はアラブ人によって保存された
ルネッサンス
ヨーロッパとその依存型文化

3. ヨーロッパは数学的発展はまさにヨーロッパの所産という彼らの「伝統的」解釈を正当化し、数学教育においてもそれを徹底させた。

帝国主義的教育は非ヨーロッパ人が数学的知識を生み出すなど不可能であると考える素地を作ったんだ。それによって、数学はヨーロッパ人によって植民地に持ち込まれた文明からの贈り物であり、先住民を開化し近代社会の一員にするプロメテウスの火であるという神話が助長されたんだ

ジョージ・ゲバーギース・ジョーゼフ
イギリス系アジア人の数学史家

民族数学

「民族数学」は
ようやく研究、振興、
教育の対象になって
きたんだ
民族数学は
アカデミックな数学を
疑問視し、学校や大学では
教えられない「別の」数学
を現場で使ったんだ

民族数学は数学、文化、社会を密接に関連づけることを目指すもので、「数学」がプラトン哲学を中心とする抽象的で理論的な研究やそれに基づいた教育だけではないことを我々に思い出させてくれる。様々な民族が独自の数学を生み出しそれを意義あるものにするために、どれほどの多様性、創意工夫、創造性を注ぎ込んでいるかが、この民族数学を見ればわかる。

民族数学の「民族」とは「大衆」を意味する。つまり、民族数学とは知識や文化的生産から締め出されてきた一般大衆の数学のことだ
民族数学の具体例としては、中国、インド、イスラム……などの非西洋文明の数学的伝統や……
ブラジルの小作行商人の「ストリート数学」など、古代の文化的伝統を持つ「土着」数学や……
ラテンアメリカ先住民の「庶民数学」や……

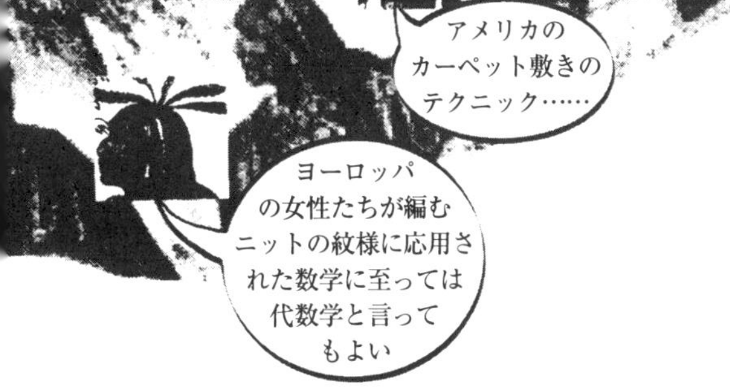
アメリカのカーペット敷きのテクニック……
ヨーロッパの女性たちが編むニットの紋様に応用された数学に至っては代数学と言ってもよい

ちょっと待って！女性はどこで登場するの？
次のページを見てごらん

このように、民族数学には正式な記号体系だけでなく、空間デザイン、実用的な作図技術、計算方法、時間と空間の測定、独特の論理的推論方法、そしてその他の精神的・物質的な活動が含まれる。

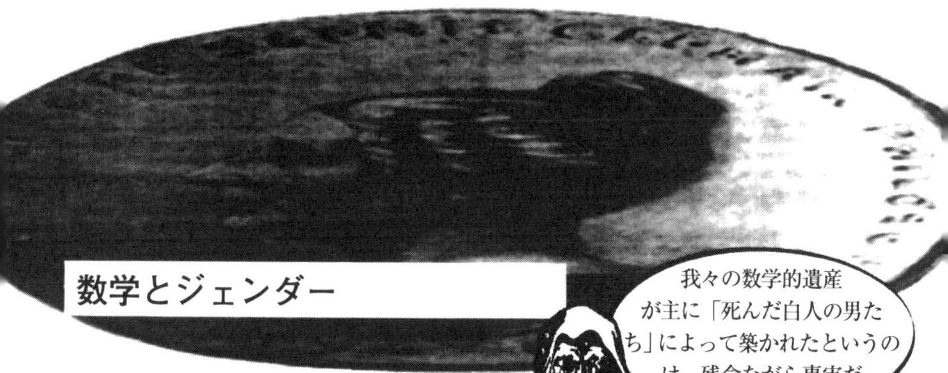

数学とジェンダー

我々の数学的遺産が主に「死んだ白人の男たち」によって築かれたというのは、残念ながら事実だ

過去、数学に傑出した何人かの女性がいたのは非常に興味深いことである。その１人がフランス人数学者、**ソフィー・ジェルマン**（1776年～1831年）である。実は彼女はドイツ人数学者**カール・フリードリヒ・ガウス**（1777年～1855年）との文通では男性を装っていた。

ナポレオン軍がガウスの住む町ゲッティンゲンを攻略したとき、自分の影響力を利用して彼を救おうとしたために私の秘密はばれてしまったの
そのフランスの司令官からジェルマンさんの申し立てを知らされたとき、私は驚いた。パリの文通相手はてっきり若い男だと思っていたからね

女性は男性に比べ昔から数学が「苦手」とされてきたが、その要因が心理学者たちによって多数提示されてきた。

でも今じゃ、全般的に男の子より女の子のほうが数学は得意よ。これは社会問題となり、早期解決が求められているの

数学の今

1000年以上もの間、西洋文化はプラトン哲学に基づく数学に支配されてきた。

つまり、数学は実践から解放された、矛盾のない真実の知識体系であると考えられてきたんじゃ
ビジョンと真実との間に存在する多くの矛盾点は隠蔽されてきた
PLATO

哲学者も教師も大衆向け普及者も、みんな数学をプラトン哲学的ビジョンで語ってきた。したがって科学は数学的真理の応用だと考えられてきたのである。その一因は、非ヨーロッパ文化の数学に対する貢献を無視あるいは曲解したことにあった。

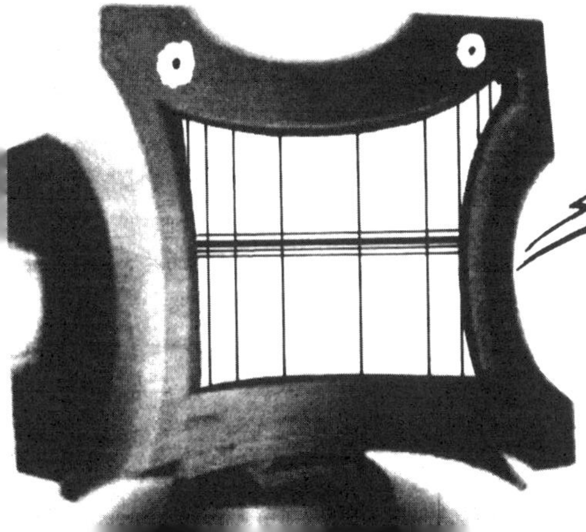
「数学の基盤」を数学的に研究することにより数学的思想の確実性に対する昔からの考え方は崩壊したが、コンピュータの台頭により「経験的計算数学」は新たなる理論との統合を迎えたんだ

近代工業社会の発達により読み書き能力は多くの人びとの間に普及したが、数量的思考能力はいまだに社会的および文化的エリートたちによる独占状態が続いている。

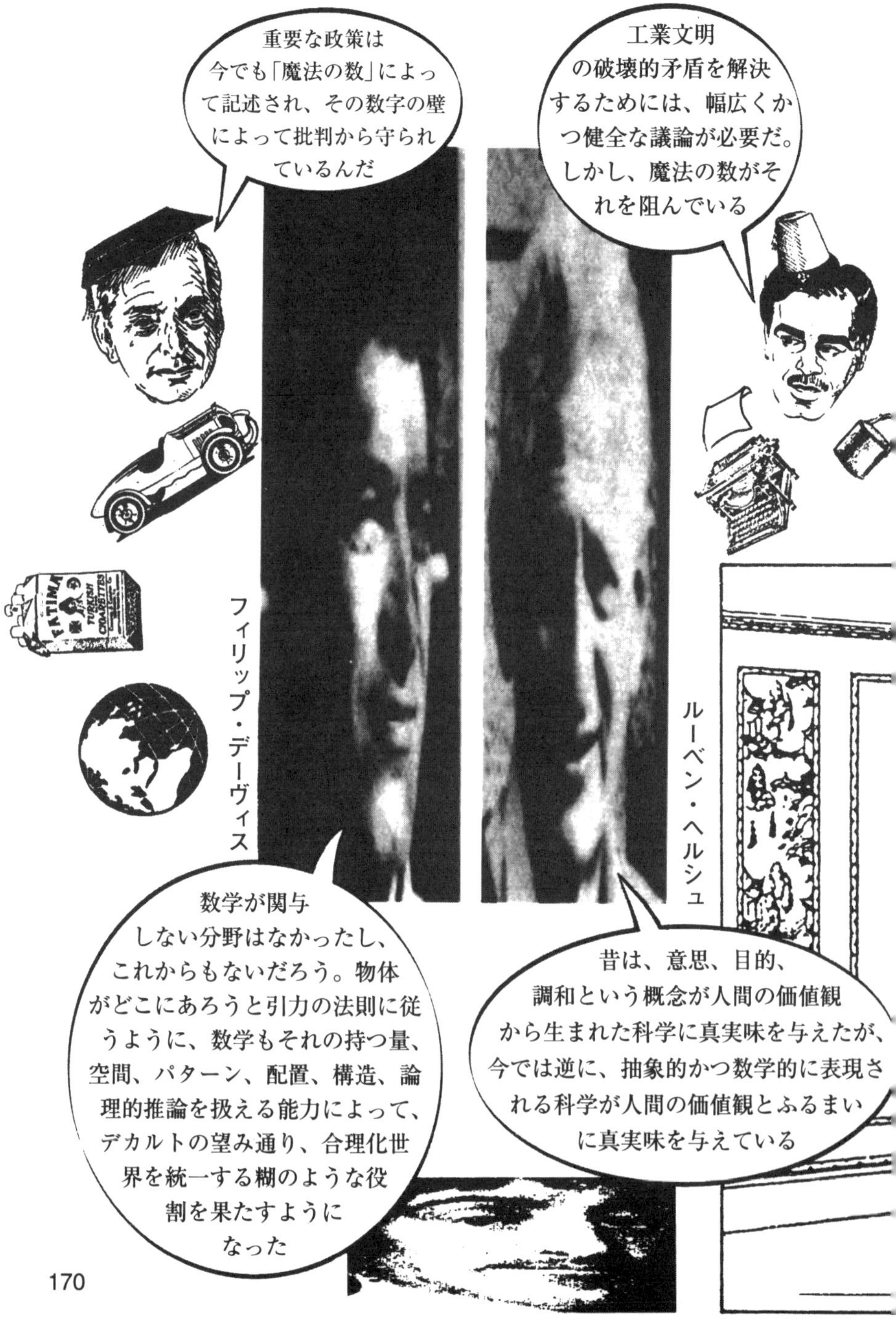
重要な政策は今でも「魔法の数」によって記述され、その数字の壁によって批判から守られているんだ
工業文明の破壊的矛盾を解決するためには、幅広くかつ健全な議論が必要だ。しかし、魔法の数がそれを阻んでいる
フィリップ・デーヴィス
ルーベン・ヘルシュ
数学が関与しない分野はなかったし、これからもないだろう。物体がどこにあろうと引力の法則に従うように、数学もそれの持つ量、空間、パターン、配置、構造、論理的推論を扱える能力によって、デカルトの望み通り、合理化世界を統一する糊のような役割を果たすようになった
昔は、意思、目的、調和という概念が人間の価値観から生まれた科学に真実味を与えたが、今では逆に、抽象的かつ数学的に表現される科学が人間の価値観とふるまいに真実味を与えている

このような状況の下、我々にとって大事なのは、数学が（科学を通じて）我々の周りの現実世界にある不確実性をまだ解決できていないという事実を正しく認識することである。本当の知識とは何か、それを達成するとはどういうことなのかを、我々は再考する時期に来ている。

したがって今、数学は新たなる試練に直面していると言える。そして、これらの試練に立ち向かううえで一般大衆も重要な役割を担っている。バークリー司教の言葉を借りれば、我々は……

天才的数学者たちを盲目的に信じるのではなく、自らの見識で……
我々に共通の問題を解決しなければならない。
全ての民族、全ての文化にとっての新しい生き方、理解の方法を得るには、社会的慣習だけでなく科学的慣習も改革する必要があるわ
ヨーロッパ中心主義およびプラトン哲学的ビジョンから解放された数学は、進歩の新たなる歴史、新しい力、そして言うまでもなく新しいパラドックスとともに、新しい時代を築く一翼を担うことになるのね

さらに詳しく知りたい人のために

数学関連の本は最近とみに増加してきているようだ。様々な本が氾濫する中、良い本を選ぶのは時として苦労をともなう場合がある。そこで、著者が厳選した数学関連書をいくつか紹介したいと思う。

まずお薦めしたいのが、数学をその歴史、哲学、実践を通して「人文学的」に捉えたP. J. Davis（P・J・デーヴィス）とR. Hersh（R・ハーシュ）共著による『The Mathematical Experience and Descartes' Dream』（Harvester, Brighton, 1981, 1986）だ。また、M. Kline（M・クライン）の『Mathematics in Western Thought』（Penguin, London 1972）は数学の不朽の名作である。同じくM・クラインによる『Mathematics: The Loss of Certainty』（Oxford University Press, Oxford & New York 1980）（邦訳『不確実性の数学　数学の世界の夢と現実』（上・下）三村護・入江晴栄訳　紀伊国屋書店　1984　絶版）は、数学の基礎論を巡る論争を初めて体系的にまとめた力作である。数学の複雑さに興味のある人は、比較的おもしろく読めるIan Stewart（イアン・スチュワート）の『Problems of Mathematics』（Oxford University Press, Oxford & New York 1987）（邦訳『数学の冒険』雨宮一郎訳　紀伊国屋書店　1990）から始めて、同じくイアン・スチュワートの『The Magical Maze』（Weidenfeld & Nicolson, London, 1998）と読み進めていくとよいだろう。

「非ヨーロッパを起源とする数学」については、George G. Joseph（ジョージ・G・ジョーゼフ）の『The Crest of the Peacock』（Penguin, London 1990）（邦訳『非ヨーロッパ起源の数学　もう一つの数学史』垣田高夫・大町比左栄訳　講談社ブルーバックス　1996）が詳しい。イスラムの数学については、Donald Hill（ドナルド・ヒル）の『Islamic Science and Engineering』（Edinburgh University Press, Edinburgh 1993）が読み物としておもしろい。また、M. Ascher（M・アシャー）の『Ethnomathematics』（Brooks/Cole Publishing, Pacific Grove 1990）は「数学的概念を多文化的な角度から考察」したもので、M. P. Closs　(M・P・クロス、編集者）の『Native American Mathematics』（University of Texas Press, Austin 1986）はアメリカ先住民の数学にスポットを当てたものだ。数学は怖いとお思いの方、Claudia Zaslavsky（クラウディア・ザスラフスキー）の『Fear of Maths』（Rutgers, New Jersey, 1994）を是非とも手にとってみてはいかがだろうか。数学に対する恐怖を軽減しようとする著者の並々ならぬ努力の成果を実感できるに違いない。

Simon Singh（サイモン・シン）の『Fermat's Last Theorem』（Fourth Estate, London 1997）（邦訳『フェルマーの最終定理――ピュタゴラスに始まり、ワイルズが証明するまで』青木薫訳　新潮社2000）は、最近になってようやく証明されたフェルマーの最終定理についての証明方法を解説した魅力あふれる書物だ。数学的思考に対して神経心理学的アプローチを試みたのが、S. Dehaene（S・デハーネ）の『The Number Sense』。これも興味をそそる一冊である。とかく難しいと敬遠されがちな微積分学だが、『A Tour of the Calculus』（Mandarin, London 1996）でDavid Berlinski（デーヴィッド・バーリンスキ）と微積分の旅に出るのもなかなか乙ではないだろうか。Ziauddin Sardar（ジアーディン・サーダー）とIwona Abrams（イウォナ・エイブラムズ）との共著による『Introducing Chaos』（Icon Books, Cambridge 1998）はウィットに富んだカオスの入門書だ。ちょっと目新しいものとしては、S. O. Funtowicz（S・O・フントヴィッツ）とJ. R. Ravetz（J・R・ラヴェッツ）の『Uncertainty and Quality in Science for Policy』（Kluwer, Dordrecht 1990）。これは「政策のための数」についての先駆的な書物といえるだろう。そして最後がPeter Higgins（ピーター・ヒギンズ）による『Mathematics for the Curious』（Oxford University Press, Oxford & New York 1998）だ。あなたの好奇心をきっと十分に満足させてくれるはずだ。

索　引

訳　山下恵美子（やました　えみこ）
1958年生まれ。
電気通信大学電気通信学部電子工学科卒業。
実務翻訳を中心に在宅で翻訳を営む。
『Let's Begin 日曜大工』（エム・ピー・シー）他、翻訳多数。

文　ジァーディン・サーダー（Ziauddin Sardar）
科学ジャーナリスト、文化批評も手がける。
著書 *Postmodernism and the Other* 他、多数。

文　ジェリー・ラヴェッツ（Jerry Ravetz）
フリーの数学者、ケンブリッジ大学で数学の博士号を取得。
著書 *Scientific Knowledge and Its Social Problems* 他。

絵　ボリン・バン・ルーン（Borin Van Loon）
イラストレーター。
ビギナーズシリーズでは『ダーウィン』、『東洋思想』など
を手がけ、超現実主義の画家としても活躍。

FOR BEGINNERSシリーズ
⑩数学

2001年4月15日　第1版第1刷発行

文　Z・サーダー／J・ラヴェッツ
イラスト　B・V・ルーン
訳　山下恵美子
装幀　足立秀夫
発行所　株式会社現代書館
発行者　菊地泰博
東京都千代田区飯田橋3－2－5
郵便番号 102-0072
電話（03）3221-1321
FAX（03）3262-5906
振替 00120-3-83725

写植・一ツ橋電植
印刷・東光印刷／平河工業社
製本・越後堂製本

制作協力・岩田純子
翻訳協力・（株）アイディ
 ISBN4-7684-0090-6
http://www.gendaishokan.co.jp/
定価はカバーに表示してあります。
落丁・乱丁本はおとりかえいたします。